KB273361

십대, 별과 우주를
사색해야 하는 이유

심대, 별과 우주를 사색해야 하는 이유

우주를 읽으면 인생이 달라진다

• 이광식 지음 •

더숲

우주를 사색하면
인생이 달라집니다

우리 사회에서 십대 청소년들이 과연 행복한 삶을 살고 있을까 하는 의문과 회의를 느낀 건 벌써 오래전부터입니다. 과연 그들은 행복할까요? 저는 아니라고 봅니다. 어른들이 너무나 많은 짐을 이들의 어깨 위에다 올려놓았다고 보기 때문입니다.

인생을 항해에 비긴다면, 우리 청소년들은 이제 막 아침 항구에서 출항해 저 희망찬 대해로 나아가는 배와 같은데, 너무나 많은 화물을 실었기 때문에 힘겹고 위험한 상황입니다. 축복받아야 할 항해가 전혀 행복하지가 않고, 괴롭고 도망가고 싶은 마음이라면 이는 분명 잘못된 일이 아닐 수 없습니다.

우리 사회와 어른들이 청소년들에게 좀 더 가치 있는 삶의 길을 제시해주지 못하면서, 지나치게 무거운 짐을 지우고 있습니다. 그

짐은 오로지 눈앞에 보이는 물질적이고 세속적인 것들을 남들보다 먼저 쟁취하기 위한 필요조건들입니다. 이는 어른들의 가치관이 너무나 현세적인 것에 치우쳐 있기 때문이라고 봅니다.

그러나 세계는 우리 눈앞에 보이는 것이 전부는 아닙니다. 우리 머리 위에는 수천억 개의 별들과 은하로 빛나는 우주가 펼쳐져 있습니다. 우리 지구는 물론, 태양계조차도 이 광막한 우주 속에서 한낱 모래 알갱이 하나에 지나지 않습니다. 게다가 137억 년 전에 태어난 이 우주는 지금 이 순간에도 빛의 속도로 팽창을 거듭하고 있습니다. 이것이 여러분이 사는 이 우주의 실제상황입니다.

그뿐이 아닙니다. 밤하늘의 저 수많은 별들은 모두 어버이가 되는 태초의 수소구름에서 태어난 것입니다. 별도 사람처럼 태어나고 죽습니다. 별이 죽을 때 자기 몸을 우주 공간에다 아낌없이 흩뿌립니다. 우리 인간은 그 별들의 일부로 몸을 만들고 생명을 얻어 태어난 존재입니다. 말하자면 인간은 별의 일부인 셈이지요. 별이 없었다면 인간도 없었을 것입니다. 별과 나와의 관계는 그처럼 밀접한 것입니다. 이처럼 오랜 우주의 사랑이 인간을 키운 것입니다.

제가 이 책을 쓴 것은 여러분이 이런 우주를 사색함으로써 좀 더 넓은 시각으로 자신의 삶과 세상을 보고 힘을 내 전진하라고 격려하기 위함입니다. 이 광막한 공간과 영겁의 시간 속에서 우리는 잠시 머물다 가는 존재에 지나지 않는다는 것을 깊이 깨닫고, 그럼에도 불구하고 우리 하나하나는 이 우주와 맞먹는 기적 같은 존재라는 자긍심을 잃지 말고 인생을 살아가기 바랍니다. 시인 라이너 마리아 릴케는 "그저 이곳에 존재하는 것만으로 벅찬 감동을 느낀다"고 말했습니다.

이 책은 필자가 고등학생들을 상대로 한 〈나와 우주〉 특강 원고를 다듬어 펴낸 것입니다. 천문학의 역사와 이론에 관한 부분은 필자의 전작 『천문학 콘서트』를 기초로 하여 청소년을 위해 보다 쉽고 간명하게 작성된 것이지만, 더러는 중복된 내용도 있음을 밝힙니다.

영국의 생물학자 토머스 헉슬리는 "인류가 지금까지 추구해온 수많은 문제들 가운데 가장 근본적이면서도 흥미로운 것을 고른다면 '자연에서 인간의 위치와 인간과 우주의 관계'에 관한 문제다"라고 말했습니다.

이 강의를 다 들은 사람은 나와 우주의 관계, 곧 자신의 우주관을 굳건히 세우기 바랍니다. 여러분이 만약 이 강의를 계기로 자기 나름의 우주관을 갖게 된다면, 여러분의 인생은 그 전의 인생과는 결코 같지 않을 것이라고 믿습니다.

2012년 초겨울에
강화 퇴모산 기슭에서
지음이 씀
http://blog.naver.com/joand999

머리말 _4

첫 번째 시간

나와 우주 ; 나는 누구인가

나와 우주;
나는 누구인가

가장 깊은 우주 허블 우주망원경이 잡은 가장 깊은 우주의 풍경. 초창기 우주, 곧 130억 년 전에 생성된 가장 오랜 은하들의 여러 형태들을 보여 주고 있다. 이는 곧 130억 광년 너머 은하들의 빛이 130억 년을 달려온 빛이란 뜻이기도 하다.

우주를
사색하는 마음

— 우주관이란 무엇인가

안녕하십니까? 오늘 '나와 우주'라는 제목으로 강의를 맡게 된 이광식이라고 합니다. 이렇게 만나게 되어 반갑습니다. 우주에 대해 사람들과 이야기를 나누는 것은 언제나 즐겁습니다. 묘하게도 우주 얘기에는 어떤 매력 같은 게 있는 것 같습니다. 마치 어린 시절 함께 놀던 친구를 만나 이런저런 고향 얘기를 나누는 기분과 비슷하다고나 할까요. 이후의 시간도 그런 즐거운 시간이 될 것으로 믿습니다.

자, 이제부터 우주여행으로 여러분을 안내하겠습니다. 다만 이렇게 가다가 더러 좌충우돌, 샛길로 빠지더라도 좀 이해해주기 바랍니다. 여행할 때도 가끔 길을 잃어 엉뚱한 데로 가는 것이 더 재미있을 때가 있지 않습니까?

영국 작가 중에 버나드 쇼라는 사람이 있는데, 노벨상까지 탔지요. 독설가로도 유명합니다.

어떤 예쁜 여배우가 그에게, 자기랑 결혼하면 머리도 좋고 잘생긴 2세를 낳을 것이라면서 청혼하니까, 머리도 나쁘고 못생긴 2세가 나올 거라며 거절했다는 일화도 있지요. 그가 어느 날 길에서 친구인 뚱뚱이 작가를 만났습니다. 뚱뚱이가 비쩍 마른 그를 놀리느라 말했습니다. "자네를 보니 영국의 식량부족 상황을 한눈에 알겠군." 쇼가 뭐라고 되받았는지 아십니까? "흠, 자네를 보니 그 이유가 어디 있는지 알 것 같군." 요즘 보니 정말 쇼의 말이 맞는 것 같아요. 미국 인구의 3분의 1이 비만이라고 합니다. 이들만 감식하더라도 지구의 기근문제는 당장 해결될 수 있을 겁니다.

그런 버너드 쇼의 묘비명이 참 재미있습니다. '어영부영하다 이렇게 될 줄 알았다니까'입니다. 94세까지 산 사람이 그런 말을 한 것을 보면, 하고 싶은 일을 다 못한 모양이지요. 그래서 저도 쇼를 약간 모방해서 제 묘비명을 이렇게 지어봤습니다. '내 이럴 줄 알고 미리부터 빈둥빈둥했지'라고 말입니다. '빈둥빈둥'을 좀 점잖은 말로 하면 유유자적이라고 하지요.

제가 벌써 십 수 년 전, 나이 50도 되기 전에 강화도 산속으로 들어간 이유는 하고 싶은 일이나 하면서 빈둥거리고 싶어서였거든요.

낮에는 텃밭 좀 일구는 체하며 빈둥거리고, 밤에는 책이나 보고 별이나 좀 보면서 살자고 말입니다. 말하자면 반농반천이지요.

서론에서 이런 얘기를 늘어놓는 건 오늘 강의가 무슨 대단한 지식을 전하는 자리라기보다는 우주를 사색하는 마음을 공부하는 자리이기 때문입니다. 우주를 보는 마음, 우주론을 사색하는 정신, 뭉뚱그려 '우주를 사색하는 마음공부'를 하는 자리입니다. 우주를 사색하는 데는 어떤 마음자리여야 하는가, 이것이 사실 오늘 이 강의의 주제입니다.

지식은 아무리 많더라도 그것을 어떤 마음으로 받아들이느냐 하는 문제가 사실 더욱 중요합니다. 많은 지식으로 오히려 자신을 파멸시키는 경우도 우리는 흔히 봅니다. 하지만 비록 지식은 적더라도 그것을 잘 받아들이면 인생 자체가 변화하고 상승하는 경우도 드물지 않습니다. '마음은 지식보다 우월하다.' 이 말을 수학적으로 표현하면 이렇게 되죠.

心 〉 知

그렇다고 지식이 중요하지 않다는 건 절대 아닙니다. 지식이 모이면 마음이 됩니다. 여러분은 지식을 쌓는 데 실로 매진해야 합니다. 여러분 나이는 지식 추수기라고나 할까요, 긁어들이는 대로 쌓아둘 수 있습니다. 머리가 가장 말랑할 때잖아요.

그런데 요즘은 이 추수를 방해하는 것들이 너무 많습니다. 가장 대표적인 것이 스마트폰이죠. 너나없이 손에서 놓지를 않잖아요. 채팅하고, 검색하고, 게임하고……. 거기에 빠져들면 여러분 인생이 두 개라도 모자랄 겁니다. 인생, 그렇게 길지 않습니다. 한 100년 산다고 가정하고 제가 초 단위로 계산해보니까, 30억 초입니다. 지금 이 순간에도 똑딱똑딱 흘러갑니다. 이게 30억 개 모이면 100년이란 겁니다. 길지 않지요? 그래서 저는 아예 휴대폰이란 걸 가져본 적이 없습니다. 물론 지금도 없고요. 저처럼 하기야 어렵겠지만, 짧은 인생, 폰에 너무 낭비해서는 안 되겠지요. 폰, 옆으로 좀 치워두세요. 지식이 결여된 인생은 무미건조하고 재미가 없습니다. 인생을 재미있게, 신나게 살려면 젊을 때부터 지식을 쌓아야 합니다.

오늘의 강의 주제는 앞에서 말한 대로 '나와 우주'입니다. 말하자면 우주론에 관한 얘깁니다. 그러면 우주론이란 무엇일까요? 한마디로 똑부러지게 말하자면, '이 우주의 탄생과 진화, 그리고 그 종말에 관한 얘기' 정도로 요약할 수 있습니다. 엄청난 이야기지요? 이보다 더 큰 담론이 어디 있겠습니까?

여러분은 모두 각자의 가치관을 가지고 살아갑니다. 이 가치관이 우주론과 만나면 무엇이 되느냐? 네, 바로 우주관이 됩니다. '나는 이 우주를 어떻게 사색하고, 우주에 대해 어떤 생각을 갖고 있다, 나와 우주의 관계, 우주 속의 나는 어떤 존재다.' 이런 것이 바로 자신의 우주관이라 할 수 있습니다.

이처럼 생각만 해도 머리가 어찔해지는 우주론을 우리가 붙잡고 씨름하는 이유는 무엇일까요? 그것은 바로 장구한 시간의 흐름, 그리고 광대한 공간, 이 무한 우주 속에서 나는 잠시 머물다 가는 존재에 불과하다는 사실을 깊이 깨닫고, 그러한 분별력을 얻기 위한 것, 내 주위를 둘러싸고 있는 사물과 인생에 대해 올바른 견해를 세우는 것, 그럼으로써 자신의 우주관을 완성시켜나가기 위한 것입니다.

한 세상을 살아가면서 나만의 우주관 하나 정도는 가지고 살아야 되지 않겠습니까? 최소한 나의 우주관은 이렇다 할 정도는 돼야 하지 않겠습니까? 이런 우주관 하나 없이 세상을 산다는 것은 어찌 보면 간판 하나 내걸지 않고 장사하겠다는 것이나 비슷한 일이지요. 장사가 제대로 될 리가 있겠습니까?

이 강의가 끝난 후 여러분은 나름대로의 우주관을 하나씩 갖게 될 것이라고 생각합니다. 그리고 여러분의 인생은 결코 그 전의 인생과 같지 않을 것입니다.

여기서 잠시 시 한 편을 감상하도록 합시다. 시를 쓴 사람은 이준관이라는 시인이고, 제목은 「여름밤」입니다.

여름밤은 아름답구나.
여름밤은 뜬눈으로 지새우자.
아들아, 내가 이야기를 하마.
무릎 사이에 얼굴을 꼭 끼고 가까이 오라.
하늘의 저 많은 별들이
우리들을 그냥 잠들도록 놓아두지 않는구나.
나뭇잎에 진 한낮의 태양이

회중전등을 켜고 우리들의 추억을

깜짝깜짝 깨워놓는구나.

아들아, 세상에 대해 궁금한 것이 많은

너는 밤새 물어라.

저 별들이 아름다운 대답이 되어줄 것이다.

아들아, 가까이 오라.

네 열 손가락에 달을 달아주마.

달이 시들면

손가락을 펴서 하늘가에 달을 뿌려라.

여름밤은 아름답구나.

짧은 여름밤이 다 가기 전에(그래, 아름다운 것은

짧은 법!)

뜬눈으로

눈이 빨개지도록 아름다움을 보자.

-『열 손가락에 달을 달고』(문학과지성사) 중에서

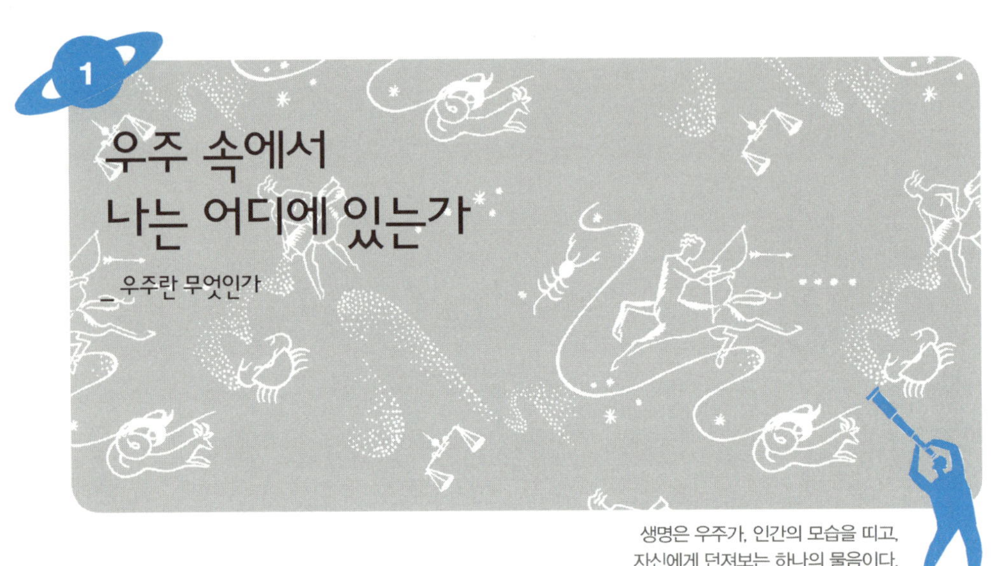

우주 속에서
나는 어디에 있는가

_ 우주란 무엇인가

과연 이 우주란 무엇일까요? 우리 자신을 포함한 삼라만상 모든 것들이 바로 우주입니다. 이 우주에 대해서는 모든 시대, 모든 인류가 가지는 아주 유서 깊은 질문이 몇 가지 있지요.

★ 우주란 무엇인가?

★ 우주는 어떻게 생겨났는가?

★ 우주 속에서 인간이란 무엇인가?

참으로 거대 담론입니다. 불과 몇십 년 전만 해도 이 질문들에 제대로 답할 사람이 지구상에 없었습니다. 하지만 현대과학에 힘입어 지금은 사정이 많이 달라졌습니다. 첫 번째, 두 번째 질문에는 어느 정도 정답을 알아낸 것으로 보입니다. 물론 절대적인 건 아니지만 말입니다. 백수십억 년 전의 일을 본 사람도 없는데, 어떻게 100% 완벽하게 알 수야 있겠습니까.

우주란 무엇인가? 내가 사는 이 우주란 동네는 대체 어떻게 생겨먹은 건가? 많은 사람들이 젊은 시절 이런 의문들을 갖곤 하죠. 특히 밤하늘의 별을 보면서 한두 번 그런 의문에 사로잡혀본 적이 없는 사람이 있을까요? 사람이란 때로는 근원적인 질문을 하게 되고 또 그 답을 찾게 되는 존재지요.

영국의 유명한 생물학자인 토머스 헉슬리는 "인류가 지금까지 추구해온 수많은 문제들 가운데 가장 근본적이면서도 흥미로운 것을 고른다면 '자연에서 인간의 위치와 인간과 우주의 관계'에 관한 문제다"고 말했습니다.

그런데 나이 들어 이 치열한 경쟁사회에서 바쁘게 살다 보면 어느덧 그런 것들은 깡그리 다 잊어버리고, 어쩌면 우주란 것도 까마득히 잊고 사는 게 또 우리네 삶이지요. '별이니, 달이니, 은하니 그런 게 나랑 무슨 상관이야. 느낌도 감동도 없거든.' 저는 이 증세를 우주 불감증이라 부릅니다. 이거 큰 병입니다. 이 병이 가져다주는 후유증은 우리 가치관의 균형을 허물어뜨리고, 때로는 우리 인생 자체를 뒤틀리게 할 수도 있습니다. 어쨌든 현대에 올수록, 문명이 더 발달할수록 우주 불감증 환자 수는 급증하고 있는 것이 사실입니다.

우리가 우주에 대해 관심을 갖는 것은 새 동네로 이사 온 어린 아이가 갖는 호기심과 비슷한 것입니다. 제가 초등학교 1학년 때 시골로 이사를 갔습니다. 당연히 모든 게 낯설었지요. 이 동네는 어떤 동네일까, 호기심에 눈동자를 반짝거리며 마을 여기저기를 쏘다닙니다. 저기는 개울이 있고, 또 저쪽은 논벌이고, 과수원이 있고, 방앗간이 있고, 이러면서 사방팔방 돌아다니게 되잖아요. 구석구석 다 알아야 재미있게 놀 수 있으니까요. 하긴 '구들목장군'도 있지요. 대문 밖엘 안 나가고 집안에만 틀어박혀 사는 사람. 인생을 재미있게 살려면 뭔가를 좀 알아야 합니다. 무지한 삶은 재미도 없는 법이지요.

우리가 살고 있는 이 우주도 따지고 보면 우리 동네지요. 엄청나게 크긴 하지만……. 그래서 여러분은 우주에 대해 왕성한 호기심을 가지고 탐구하고 사색해야 합니다. 나는 대체 어떤 동네에서 살고 있는가? 이 우주란 어떤 동네인가?

20대 초에, 도대체 우주란 무엇이고, 그 속에 사는 나라는 인간이란 어떤 존재인가에 대해 속 시원하게 말해주는 책이 없을까 하는 갑갑증을 느꼈던 적이 있습니다. 어느 날 청계천에 나가 그 많은 헌책방들을 뒤졌습니다. 먹고살기에도 바쁜 자취생 주제에 말입니다.

지금은 좋은 책들이 많이 나와 있습니다. 하지만 사람들이 잘 찾아 읽지를 않습니다. 거의 대부분 전문가들이 쓴 것이라 책 내용들이 어렵기도 하거니와, 무엇보다 사는 데 바빠서 그런 것 같습니다. 저 역시 먹고사는 일에 바쁘다 보니 뜬금없이 영문과엘 가게 되었습니다. 그래서 요즘도 가끔 이런 질문을 받곤 하죠. 아니, 우주에 그렇게 관심이 많고 천문학 책을 쓴 사람이 웬 영문과예요? 그러면 저는 "영문도 모르고 갔습니다."라고 우스갯소리로 말합니다.

어쨌든 우주가 직접 살아가는 문제와 직결되지 않은 것은 사실입니다. '우주에 대해 몰라도 사는 데 아무 지장이 없다, 우주 그딴 거 내 인생하고 무슨 상관이 있어. 돈이 생기나 밥이 생기나.' 이렇게 생각하는 사람들도 적지 않은 듯합니다. 과연 우주는 내 인생, 내 삶과 별로 상관이 없는 존재일까요? 이건 근본적인 오해입니다. 우주와 나, 우주와 내 삶은 떼려야 뗄 수 없는 밀접한 관계가 있습니다. 그것에 대해 한번 알아봅시다.

어떤 천문학자가 말했습니다. 철학이 '나는 누구인가?' 하고 묻는다면, 천문학은 '나는 어디에 있는가?' 하고 묻는다고. 그렇습니다. 천문학은 인류가 '우주 속에서 우리는 어디에 있는가?'를 밝혀내라는 사명을 갖고 태어난 것입니다.

하지만 오랜 옛날에는 우주가 언제부터 존재했는지, 언제 생겨났는지에 대한 개념 자체가 별로 없었습니다. 대부분 영원 이전부터 있어왔다고 생각했죠. 그리고 영겁 이후까지 영원히 존재할 것이라 믿었죠.

개중에는 모든 사물에 시작이 있듯이 이 우주도 언젠가 시작된 것임이 틀림없다고 생각하는 사람들도 있었습니다. 어떤 놀라운 고대인이 이런 기발한 생각을 했습니다. 지금으로부터 2100년 전 사람인데요, 이름은 루크레티우스란 로마 철학자입니다.

"나는 어린 시절부터 내 주위에서 기술의 진보가 이루어지는 것을 보아왔다. 범선의 돛이 개량되었고, 무기도 점점 발달했으며, 악기도 더욱 정교한 것들이 만들어졌다. 만약 우주가 영원히 존재해오던 것이라면 이 모든 변화와 발전이 수천, 수만 번도 더 일어날 시간이 흘렀을 것이다. 그 결과 나는 지금 아무것도 변하지 않는 완성된 세계에서 살고 있어야 할 것이다. 그러나 얼마 안 되는 나의 짧은 생애 동안에도 많은 변화가 일어나는 것을 보아왔으니, 세계는 늘 일정하게 존재해온 것이 아닌 게 분명하다. 우주는 아직 어린 단계에 있는 것으로 보인다."

참으로 기발한 추론 아닙니까? 오늘날 우주론은 2100년 전 루크레티우스의 추론이 옳았음을 확인해주고 있습니다. 그의 추론을 정리해보면, 첫째, 세계는 항상 존재해온 것이 아니다, 둘째, 세계는 계속 변하고 있다, 셋째, 이 변화는 단순한 것에서 복잡한 것으로 변하는 양상으로 나타난다는 것입니다. 이런 위대한 지성의 철학자에게 우리는 마땅히 경의를 표해야 할 것입니다.

현대 천문학은 그의 추론처럼 우주가 언젠가 시작된 것이라는 사실을 입증했을 뿐만 아니라, 이 우주의 나이까지 알아냈습니다. 나이가 있으니 분명 우리처럼 생년이 있는 거지요. 월일도 있겠네요. 당연히 1월 1일이겠죠. 137억 년 전 그날, 아주 조그만 '원시의 알'이 대폭발을 일으켜 우주가 탄생했다고 천문학자들은 결론을 내렸습니다. 이른바 빅뱅우주론입니다.

여기에는 과학자들 간에 별로 이론이 없습니다. 조그만 '원시의 알'에서 엄청난 에너지와 물질이 빛의 속도로 공간을 만들면서 팽창을 시작했습니다. 빅뱅우주론의 시조 조르주 르메트르[1](1894~1966)가 '어제 없는 오늘(the day without yesterday)'이라 말한 순간입니다. 변화가 없는 곳에는 시간 자체가 없습니다. 따라서 그 이전에는 공간도 시간도 존재하지 않았습니다. 그러므로 빅뱅 이전에 무엇이 있었을까 하는 질문은 무의미한 것입니다. 지구의 북극점 위에 서서 북쪽이 어디냐고 묻는 거나 같습니다. 이 시공간은 빅뱅 이후에 비로소 태어난 것이죠. 이 사람은 본업이 신부입니다. 신과 과학을 모두 믿었던 사람이죠.

『고백록』의 작가인 신학자 아우구스티누스(354~430)는, 하느님은 천지 창조 이전에는 무엇을 했는가 하는 질문에 "너같이 묻는 사람들을 집어넣기 위한 지옥을 만들고 계셨다"란 독설을 퍼부었다는데, 사실 이건 농담이었고, 그 역시 그 이전에는 시간 자체가 없었다는 놀라운 대답을 했습니다. 현대 우주론자와 같은 생각이지요.

1_ 벨기에의 천문학자이자 사제. 우주가 팽창한다는 생각은 아인슈타인이 일반상대성이론을 통하여 제시한 장방정식에서 비롯되었다. 이에 근거하여 르메트르는 질량이 아주 큰 하나의 원시원자에서 우주가 시작되었다고 생각하고 팽창하는 우주 모델을 제시했다.

메멘토 모리,
'죽음을 기억하라'

_ 별들로 태어나서 살다가 죽는다

생명의 씨앗은 오래전에 사라진
첫 세대의 거대한 별들 내부에서 시작되었다.
—닐 타이슨

빅뱅 직후의 우주를 생각해봅시다. '빅뱅'을 우리말로 옮기면 '큰 꽝' 정도가 되겠네요. '큰 꽝' 직후, 그러니까 초창기의 우주에는 수소와 헬륨뿐이었습니다.

서양 철학의 아버지라 불리는 탈레스가 '만물의 근원은 물이다!'라고 호기롭게 선언한 거 아시죠? 그래서 그는 '물의 철학자'라 불리지요. 지금 와서 보니 그의 말이 반은 맞았다고 말할 수 있게 되었습니다. 물이 바로 수소 원자 두 개와 산소 원자 한 개가 결합하여 이루어진 물질 아닙니까. H_2O, 다시 말해 가장 가벼운 원소로 불을 붙이면 폭발하는 수소, 그리고 역시 불을 붙이면 무섭게 타는 산소가 결합하여 놀랍게도 불을 끄는 물이 된 것입니다. 그리고 이 물은 모든 생명체의 근원입니다. 자연은 이처럼 놀랍습니다. 최초로 물이 수소와 산소로 이루어졌다는 사실을 발견한 사람[2]은 아마 그 순간 전율했을 것입니다.

기왕에 탈레스가 나왔으니 한 사람만 더 만나보지요. 탈레스 이후에 만물의 근원, 곧 물질에 대해 가장 주목할 만한 말을 한 데모크리토스(BC 460경~370경)입니다. 그는 고대인 중에서 물질에 관해 가장 독특한 생각을 한 사람이라 할 수 있습니다.

"모든 물질이 더 이상 나눌 수 없는 작은 것, 곧 원자(그리스어로 atomon)로 이루어져 있으며, 이것이 바로 물질의 보이지 않는 가장 작은 구성요소로서, 세계는 무수한 원자와 공(空) 외에는 아무것도 존재하지 않는다."

현대 물리학은 이 데모크리토스의 착상에서부터 출발했다고 해도 과언이 아니지요. 그는 또 원자를 설명하면서, 원자는 영원불변하며, 절대적인 의미에서 새로 생겨나거나 사라지는 것은 아무것도 없으며, 사물들이 안정되어 있고 시간이 흘러도 변하지 않는 것은 모든 원자들이 똑같은 크기를 갖고 자기가 차지하고 있는 공간을 꽉 메우고 있기 때문이라고 했습니다.

데모크리토스의 우주론 역시 놀라울 정도로 현대적입니다. 그는 우주의 기원에 대해 이렇게 말했습니다.

　"원자는 원래 모든 방향으로 움직이고 있었다. 이 운동은 일종의 '진동'이었기 때문에 원자들 사이에는 충돌이 일어났고, 특히 회전운동으로 말미암아 비슷한 원자들이 서로 결합함으로써 큰 덩어리들과 세계들이 생겨났다. 이것은 어떤 목적이나 계획이 가져온 결과가 아니라, 단순히 '필연'의 결과로 일어난 것, 즉 원자 자체의 성질이 정상적으로 나타난 결과다. 원자와 공간은 그 수와 면적이 무한하고 운동은 처음부터 존재해왔기 때문에 우주에는 항상 무수한 세계가 존재해왔다. 그 무수한 세계는 성장과 쇠퇴의 단계가 서로 다를 뿐, 모두 비슷한 원자로 이루어져 있다."

　우주의 탄생과 그 미래의 비밀은 원자 안에 있다고 믿는 오늘날 물리학자들과 놀랍도록 같은 생각을 했다는 것을 알 수 있지요. 2400년 전 고대인이 말입니다.

　내친 김에 위대한 지성 데모크리토스의 인생론 훈수도 한번 들어보시죠. 그는 사람의 영혼과 지성 또한 원자로 만들어진 섬세한 물질이라고 생각했으며, 궁극적인 선(善) 또는 삶의 최종 목표로는 '유쾌함'을 들었습니다.

　"유쾌함이란 우리 영혼이 두려움이나 미신, 또는 그밖의 어떤 감정에도 방해받지 않고 평화롭게 조용히 사는 상태다."

　이는 바로 옛 선사들이 말한 안심입명(安心立命)[3]의 경지라 할 수 있겠네요. 유쾌함을 강조한 그의 인생론으로 인해 데모크리토스는 종종 웃는 철학자(Laughing Philosopher)로 불리기도 합니다. 예로부터 이런 사람을

3_무엇에도 흐트러지지 않고, 이해와 생사를 초월하여, 평정, 편안함에 달한 마음의 상태. 최고신을 내세우지 않는 불교나 유교에서 추구하는 궁극의 경지.

현자(賢者), 영어로는 세이지(sage)라고 부르지요.

다시 태초의 우주로 돌아가서, 빅뱅 이후 우주 온도가 점차 내려 감에 따라 가장 단순한 원소인 수소와 헬륨이 먼저 만들어져 우주 공간을 채웠습니다. 그리고 10억 년이 지나자 몇 광년, 몇십, 몇백 광년 단위로 펼쳐진 어마어마한 규모의 수소, 헬륨 구름이 서서히 회전하면서 중력으로 뭉쳐졌습니다. 대우주는 이러한 거대 원자구름들이 곳곳에서 뺑뺑이 운동을 하면서 만들어진 거대한 회전원반들로 가득 채워지기 시작했습니다.

물질이 뭉쳐질수록 회전은 더 빨라집니다. 각운동량 보존의 법칙[4]이 작용하는 거지요. 피겨스케이팅 선수들이 빙판을 돌 때 팔을 오므리면 더 빨리 도는 것과 똑같은 이치입니다. 그 운동량은 아직도 그대로 남아 있습니다. 지구가 돌고, 달이 돌고, 태양이 자전하는 힘 모두가 그때의 각운동량입니다. 100억 년도 더 전의 그 각운동량이 아직까지 이 우주를 운행하고 지구를 돌리고 있다는 겁니다. 생각해보면 놀라운 사실 아닙니까?

어쨌든 물질이 축적되면서 원반 자체는 점차 회전속도가 빨라지고 납작한 모습으로 변해가는 거지요. 그리고 중심부는 수소 원자들이 고밀도로 수축되어 고온, 고압의 용광로가 되었지요. 마침내 그 온도가 1천만 도에 이르면 '사건'이 벌어집니다. 수소 융합[5]이 이루어지면서 핵에너지가 방출되는 거지요. 에너지는 질량에 빛의 제곱을

4_계의 외부로부터 힘이 작용하지 않는다면 계 내부의 전체 각운동량이 항상 일정한 값으로 보존된다는 법칙이다.

5_수소 원자 두 개가 헬륨 원자 하나로 융합하면 약간의 질량 손실이 나타나는데, 그것이 막대한 에너지를 방출하는 반응이다. 고온·고밀도의 별 내부에서 에너지를 생성하는 역할을 한다.

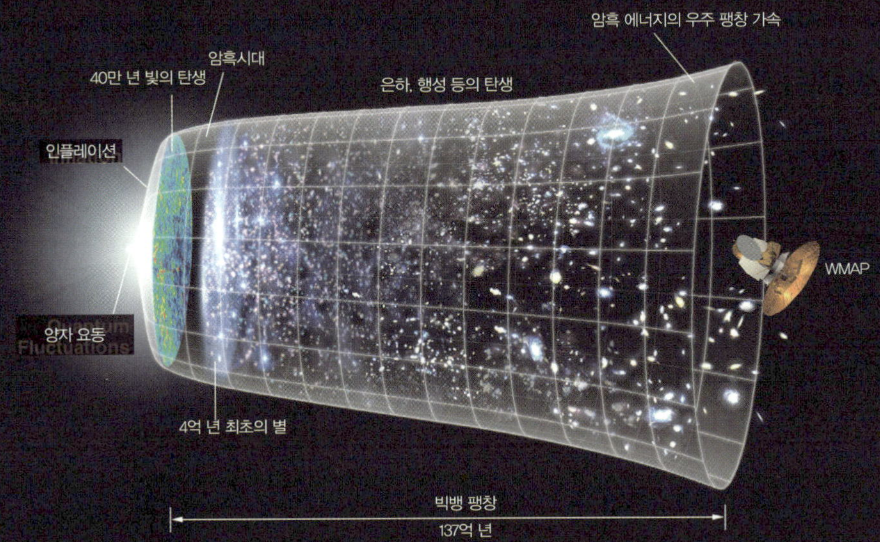

우주 탄생, 빅뱅 빅뱅 우주. 137억 년 전 '원시의 알'이 대폭발을 하여 우주가 탄생했다. 시간과 공간도 그때 비로소 생겨났다. 그날을 '어제가 없는 오늘'이라 한다.

곱한 것과 같다는 아인슈타인의 $E=mc^2$ 방정식 아시죠? 바꿔 말하면 수소 융합 때 생기는 손실 질량이 엄청난 에너지로 변한다는 것입니다. 이때 수소 공 중심에 반짝 불이 켜지면서 최초로 빛을 방출합니다. 이것이 바로 '스타 탄생'이지요!

별과 우주와의 관계는 무엇일까요? 별들이 수백억, 수천억 개 모여서 은하라는 별들의 부락을 만들고, 역시 수천억 은하들이 여기저기 무리를 만들면서 이 대우주를 이루고 있습니다. 말하자면 별은 우주라는 집을 만드는 벽돌 같은 존재라 할 수 있습니다.

그런데 이 별이 밤하늘에서 반짝이는 원인, 그 에너지의 근원을 인류가 알아낸 것은 아직 100년도 채 안 된 일입니다. 수천, 수만 년 전부터 인류는 별이 빛나는 원인을 궁금해하고 알아내려 애썼지만 도무지 알 수가 없었습니다. 가볼 수가 없잖아요. 심지어 태양과 별이 다 같은 항성이라는 사실도 잘 알지 못했습니다. 어떤 이들은 태양이 빛나는 것은 엄청난 석탄을 태우기 때문이라고 주장하기도 했지요.

별이 핵에너지로 빛을 낸다는 사실을 인류가 최초로 알아낸 것은 1938년입니다. 한스 베테(1906~2005)라는 미국의 물리학자가 밝혀낸 거지요. 여기엔 재미있는 일화가 있어요. 베테가 이 사실을 논문으로 발표하기 전, 여자친구와 바닷가에서 산책을 할 때 그녀가 서녘 하늘을 가리키며 말했답니다. "어머, 저 별 좀 봐. 정말 예쁘지?" 한창 연애에 빠져 있을 때 뭔들 예쁘지 않겠습니까만, 그 별이 특히 예뻤던 모양입니다.

그때 베테가 으스대면서 말했답니다.

"흠, 저 별이 왜 빛나는지 아는 사람은 이 세상에서 나뿐이지."

베테가 32세 때 일이랍니다. 나중에 물론 노벨상을 탔지요. 수만 년 동안 지속된 인류의 궁금증을 풀어준 이 사람, 몇 년 전에 세상을 떠났는데, 100세에서 한 살 빠지는 99세까지 살다가 갔습니다. 주변 사람들 얘기로는 생전에 꼭 세인트(성자) 같았다고 하네요. 천문학을 제대로 하면 그리 되는 모양입니다.

어쨌든 이렇게 태어난 별들은 수십억 년, 수백억 년의 시간이 지나면 죽음을 맞습니다. 저 밤하늘에 반짝이는 별들도 태어나서 찬란한 빛을 뿌리며 살다가 죽는 거지요. 이 점에서는 사람과 다를 게 없는 셈입니다. 하지만 수십억, 수백억 년을 사는 별에 비한다면 사람은 겨우 찰나를 살다가 가는 셈입니다. 별에 비하면, 하루살이지요.

인생은 짧습니다. 우리 모두는 짧은 인생을 살다갑니다. 그래서 이런 말이 있습니다. 메멘토 모리(memento mori). '죽음을 기억하라'는 라틴 말입니다. 영어로는 'Remember you must die'라 하지요. 이 말은 원래 고대 로마제국 시대에 개선장군의 뒤에서 노예들이 외치던 말이었다고 합니다. 전쟁을 승리로 이끌어 모두의 환호를 받는 순간에도 잠시 살다가는 존재임을 잊지 말라는 뜻이죠. 마치 백년 천년 천세를 누릴 것처럼 사는 사람들이 의외로 많은 세상 아닙니까?

여담이지만, 어떤 사람이 공자님한테 물었답니다. "죽음이 무엇입니까?" 공자님의 대답이 탁월했습니다. "삶을 모르는데 죽음을 어찌 알겠는가(未知生이니 焉知死이료?)." 정말 멋진 대답 아닙니까? 노회하기도 하고요. 멋들어지게 피해간 거죠. 과연 고수답습니다. 옛날 어느 영문학 교수님이 그러셨는데, 공자님 말씀을 영어로 옮기면 이렇다네요. "Don't know life, how know death?" 어때요, 멋있죠?

여기서 잠깐, 별에 대한 돌발 퀴즈 하나! 별들은 왜 모두 둥글까요? 태양도 둥글고, 달도 둥글고, 지구도 둥급니다. 아니, 왜 다들 개성 없이 그럴까? 구가 가장 완벽한 형태라서 하느님이 그렇게 만들었을까요? 그럴지도 모르지요. 하지만 정확한 답은 '중력' 때문입니다. 천체의 크기가 지름 100km를 넘어가면 중력이 지배적인 힘으로 작용하여 제 몸을 마구 주물러서 둥그스름하게 만들어버립니다. 그보다 작은 것은 중력이 약해 감자처럼 울퉁불퉁하기도 하지요. 소행성이나 작은 위성들을 보면 그렇습니다.

여기서 보통 별이라고 하면 항성을 가리킵니다. 스스로 빛을 내는 별이지요. 하지만 때로는 행성을 별이라고 하기도 하지요. 금성을 샛별, 지구를 초록별이라고도 하잖아요. 그런데 이 행성을 아직까지 혹성이라고 부르는 책이나 사람이 있는데, 그것은 틀린 말입니다. 일본말이에요. 따라서 영화 〈혹성탈출〉은 잘못된 제목이지요. 일본 것을 그대로 베껴서 그렇습니다. 혹성의 '혹(惑)'자는 '혹시'라는 뜻인데, '혹시 별?' 이런 엉거주춤한 용어가 어디 있습니까? 절대 이런 말 쓰면 안 됩니다. 행성이 맞는 말입니다.

행성을 영어로는 플래닛(planet)이라 하는데, '떠돌이'라는 뜻을 가진 그리스어 '플라네타이(planetai)'에서 온 거지요. 그러니 나그네별, '행성(行星)'이란 말이 더 아름답고 맞는 말 아닙니까? 이런 얘길 하니 갑자기 운수납자(雲水衲子)라는 말이 생각나네요. 구름 가듯 물 흐르듯 떠돌아다니면서 수행하는 스님을 일컫는데, 아름다운 말이지요. 저는 행성이 마치 그런 운수납자처럼 느껴집니다.

이제 별들도 사람처럼 태어나서 살다가 죽는다는 사실을 알았습니다. 사람과 마찬가지로 생로병사를 거쳐 이윽고 최후, 즉 임종을 맞이합니다. 생자필멸(生者必滅)[6]이지요. 영어로는 'No birth without death.'라고 표현합니다. 그런데 별들이 죽음을 맞는 방법이 다 같지는 않습니다. 별마다 다른 운명이 기다리고 있습니다. 그것을 결정하는 조건은 단 하나, 별의 덩치, 바로 질량이지요. 그런데 별은 덩치가 클수록 수명이 짧습니다.

태양 같은 별은 한 100억 년 살지만, 덩치가 그 몇십 배 정도 되면 겨우 수천만 년밖에 못 삽니다. 중력이 너무나 강해 핵융합이 격렬하게 일어나기 때문이지요. 사람도 마찬가집니다. 자그만 사람이 오래 사는 데 보통 유리하지요. 적게 먹는 소식은 필수고요. 이건 의학이 증명해준 사실입니다. 너무 덩치를 키우는 데 연연해하지 맙시다. 덩치가 크면 그 덩치 먹여살리는 데 너무 많은 시간과 에너지가 소모됩니다.

덩치가 작은 별은 조용히 졸아들어 죽고(수명은 덩치 큰 별보다 훨씬 겁니다), 태양보다 8배 이상 덩치가 큰 별은 장렬한 최후를 맞습니다. 대폭발을 일으키는 거지요. 자신을 이루고 있던 온 물질을 우주 공간으로 폭풍처럼 내뿜어버립니다. 바로 슈퍼노바(Supernova), 초신성 폭발입니다. 별 속에서 핵융합이 단계별로 진행되다가 이윽고 규소가 연소해서 철이 될 때, 초고밀도의 핵이 중력 붕괴로 급격히 수축했다가 다시 강력한 반동으로 되튀어오르면서 별 전체가 폭발해버립니다. 불과 몇 초 만에 산산조각으로 흩어지지요. 대천체로서는 너무나 짧은 임종이지요. 그때 빛의 강도는 수천억 개의 별을 가진 온 은하가 내놓는 빛보다 더 밝다고 합니다. 엄청난 대폭발이니까요.

우리 태양계에 비교적 가까이 있는 별 중에 조만간 이런 대폭발을 일으킬 가능성이 높은 별이 하나 있습니다. 오리온자리의 1등성인 베텔게우스입니다. 겨울밤 마당에 나가 남천을 보면 방패연 같은 큰 별자리 하나가 덩실 떠 있는 걸 볼 수 있는데, 그게 바로 오리온자리입니다.

이 별자리의 좌상귀에 벌건 색 별이 눈에 띕니다. 바로 적색거성[7]인 베텔게우스입니다. 지구로부터 640광년 떨어져 있는 이 별은 크기가 무려 태양의 900배, 밝기는 50배입니다. 어마어마한 적색거성이지요. 이걸 태양 자리에 끌어다놓는다면 목성에 육박하는 크기로 인해 화성 궤도까지 잡아먹을 것입니다.

천문학자들은 이 별이 거의 수명을 다해, 올해가 다 가

7_중심핵에서의 수소 연소가 완결된, 진화 단계에 있는 항성. 헬륨의 중심핵이 고밀도·고온이 되며, 외피(外皮)는 처음 크기의 100배까지 팽창하여 태양의 수백, 수천 배 크기가 되는데, 표면 온도는 낮아 붉은빛을 띠는 별이다.

오리온자리 오리온자리는 별자리의 왕자다. 왼쪽 위의 붉은 별이 언제 초신성 폭발을 할지 모르는 1등성 베텔게우스다.

기 전에 폭발할지도 모른다고 말합니다. 나이가 850만 년인데, 천만 년도 제대로 못 사는 셈이지요. 너무 덩치가 커서 말입니다. 어느 천문학자는 별이 이미 폭발했거나, 적어도 수천 년 내로 폭발할 거랍니다. 수천 년이라고 해야 우주적 척도로는 오늘 내일 정도밖엔 안 되지요. 천문학을 하면 이처럼 스케일이 커집니다. 수천 년을 오늘 내일 정도로 여기니 말입니다.

이 별이 폭발하면 어떻게 될까요? 최소한 몇 주 동안 하늘에 태양이 두 개 떠 있는 듯한 착각이 들 정도로 밝을 거랍니다. 태양 빼고는 달보다도 더 밝을 것으로 전망하고 있습니다. 밤을 낮처럼 밝힐 거라는데, 워낙 멀리 있어 폭발하더라도 지구에 별다른 영향은 끼치지 않을 거라니 안심해도 될 듯합니다. 이런 엄청난 우주 드라마를 과연 우리 생애에 볼 수나 있을까요?

참고로, 지금까지 발견된 별 중에서 가장 큰 별은 도대체 얼마나 클까요? 자그마치 태양의 약 2천 배랍니다. 큰개자리 VY라는 별로, 카니스 마조리스(VY Canis Majoris)라고도 합니다. 태양의 지름이 약 140만km니까, 이 별의 지름은 약 27억 8천만km. 이걸 태양 자리에다 끌어다놓는다면 목성 궤도까지 잡아먹고 토성 궤도 중간까지 미칠 겁니다. 하나의 사물이 이렇게 클 수 있다니, 도무지 상상이 안 가지요? 우주는 이토록 놀랍습니다.

별, 우리를 낳고
우주적 사랑으로 기르다

_ 초신성 폭발과 우주의 탄생

> 우리는 뒹구는 돌들의 형제요
> 떠도는 구름의 사촌이다.
> —할로 섀플리

초신성 폭발에 대해 좀 더 알아봅시다. 원래 수소와 헬륨으로만 만들어졌던 별이지만, 폭발 때 내놓는 물질은 아주 다릅니다. 핵융합으로 수소가 타 헬륨이 되고, 헬륨이 타서 네온, 마그네슘, 규소, 황의 순서대로 무거운 원소들이 합성됩니다. 여기서 최종적으로 가장 안정된 원소인 철까지 만들어집니다. 그러니 사실 별 속은 원소 제조공장이라 할 수 있습니다. 그리고 별은 초신성 폭발과 함께 그 동안 제조만 하고 갈무리해놓았던 온갖 원소들을 내놓습니다. 게다가 대폭발 당시에는 엄청난 고온 고압의 상황이 만들어지는데, 이때 철보다 무거운 원소들이 만들어집니다. 이른바 초신성의 중원소 합성입니다.

그때 만들어진 원소를 저도 하나 갖고 있습니다. 바로 금입니다. 초신성 폭발의 기념품이죠. 철보다 무거운 금, 은, 우라늄 같은 중원소는 초신성 폭발 당시에 생성된 것입니다. 이 반지를 구성하는 금 원소는 적어도 100억 년이란 우주적 역사를 가진 것입니다. 이건 어김없는 과학입니다. 규소나 철보다 금은이 귀한 것은 이런 까닭에서인 거지요. 제가 끼고 있는 금반지는 제 비상금입니다. 말하자면 초신성이 제게 준 비상금이지요.

이처럼 별은 우주의 부엌이라 할 수 있습니다. 수소, 헬륨을 제외

초신성 폭발 초신성 폭발 잔해인 황소자리 게 성운. 약 1천 년 전에 일어난 초신성 폭발로 생긴 것이다. 중국인 천문학자들은 이 초신성이 1054년에 일어났다고 기록하고 있으며, 미국 원주민들도 그렇게 이야기하고 있다. 지름 약 12광년. 허블 망원경으로 찍은 것으로 가장 해상도가 높은 사진이다.

한 모든 원소들은 별의 내부에서 만들어졌습니다. 수은 원자핵에서 양성자 한 개와 중성자 세 개를 빼내면 금이 됩니다. 이것이 연금술 사들이 그토록 염원하던 변화의 본질입니다. 연금술사들은 말하자 면 물질의 거죽만 주물러서 금을 만들겠다고 헛고생한 셈이지요. 초신성 폭발과 같은 엄청난 에너지만이 금을 만들 수 있는 겁니다. 헛고생한 사람 중에는 인류 최고의 과학천재라는 말을 듣는 뉴턴도 포함돼 있다더군요.

그런데 이보다 더 중요한 사실은, 인간의 몸을 구성하는 물질들 로 물, 탄소, 암모니아, 석회, 인, 염분, 질산칼륨, 황, 불소, 철, 규소 등의 원소들은 모두 별에서 왔다는 것입니다. 수십억 년 전 초신성 폭발로 우주를 떠돌던 별의 물질들이 뭉쳐져 지구를 만들고, 이것 을 재료삼아 모든 생명체들과 인간을 만든 것입니다. 우리 몸의 피 속에 있는 요오드, 철, 칼슘 등은 모두 별에서 온 것들입니다. 이건 무슨 비유가 아니라, 사실 그 자체입니다.

인간의 몸을 구성하는 원자의 3분의 2가 수소이며, 별과 행성 등 전 우주를 구성하는 원소들의 90%가 수소입니다. 따라서 별들이 없었다면 인간은 이 우주에 존재할 수 없었을 겁니다. 우주 공간을 떠도는 수소 원자 하나, 우리 몸속의 산소 원자 하나에도 100억 년 우주의 역사가 숨쉬고 있는 겁니다. 우리 몸의 10%는 빅뱅 우주에 서 생겨난 수소로 이루어져 있습니다. 생명과 의식은 이런 물질이 자아내는 현상이지요. 그러므로 물질은 바로 그 안에 '나'를 이루어 낼 성질을 담고 있다는 것이죠. 이처럼 물질은 우리가 감히 짐작했던 것 이상의 존재라는 것을 절실히 깨닫게 됩니다.

따지고 보면, 우리 인간은 100억 년에 이르는 우주적 경로를 거쳐 지금 이 자리에 존재하게 된 것입니다. 나나 여러분이나 똑같습니다. 뭇 생명들도 마찬가지고요. 우주적인 오랜 사랑이 우리를 키워왔다고도 볼 수 있는 것입니다.

우리 집은 산속에 있습니다. 밤이면 바로 집 밖에서 소쩍새 우는 소리가 들립니다. 그 소쩍새 몸에 들어 있는 산소 원자 하나는 초신성이 폭발하면서 우주에 뿌려놓은 것입니다. 이것이 수십억 년 우주 공간을 떠돌다가 이윽고 46억 년 전 지구에 들어왔고, 마침내 새의 몸속으로 흡수된 겁니다. 그리고 그 새의 지저귀는 소리를 별이 빛나는 밤하늘 아래서 내가 듣습니다. 별의 죽음이 없었다면 여러분이나 나, 그리고 새는 존재하지 못했을 것입니다. 이런 의미에서 볼 때 별의 죽음은 또 다른 환생임이 분명합니다. 별빛과 새소리도 그런 인연을 갖고 있는 거지요. 놀랍지 않습니까?

그러니 저 밤하늘에서 반짝이는 별들은 알고 보면 우리의 어버이인 거지요. 우리는 별에게서 몸을 받아 태어난 별의 자녀들입니다. 즉, 'made in star'입니다. 어때요? 멋지지 않습니까? 이게 바로 별과 인간의 관계, 우주와 나의 관계입니다. 우리는 우주의 일부분입니다. 그래서 우리은하의 크기를 최초로 잰 미국의 천문학자 할로 섀플리(1885~1972)[8]는 이렇게 말했습니다. "우리는 뒹구는 돌들의 형제요, 떠도는 구름의 사촌이다." 우리 선조님들이 말한 범아일체(梵我一切)[9]가 바로 이런 것이 아닐까 싶습니다.

이런 사실을 알고 밤에 마당에 나가 밤하늘을 한번 올려다보세요. 캄캄한 하늘에 무수한 별들이 반짝이고 있습니다. 잘하면 은하수도 볼 수 있고요. 태양계가 우리의 고향이라면 은하수는 고향의 면소재지쯤 되겠지요.

은하를 거론할 때 반드시 포함되어야 할 얘기가 있습니다. 은하는 왜 하늘에 마치 허연 젖을 뿌려놓은 강처럼 보일까 하는 것입니다. 이것을 이해하지 못하는 사람들이 뜻밖에 많더군요.

우리은하는 편편한 바람개비 모양이라고 보면 됩니다. 프라이팬 위의 계란프라이 같기도 하지요. 도톰한 노른자가 은하 중심이고요. 그것이 긴 강처럼 보이는 이유는 우리 지구가 은하 원반 면에 딱 붙어 있기 때문입니다. 그러니 수많은 별들이 중첩되어 뿌옇게 보이는 거지요. 아래 위는 별들이 성기게 있고요. 사실 이 사실을 과학자들이 알아낸 것도 얼마 안 됩니다. 그런데 그보다 200년도 더 전에 칸트는 은하수를 이렇게 정확히 설명했어요. 놀라운 예지와 직관력이라 하지 않을 수 없습니다. 칸트는 직접 망원경으로 천체를 관측하기도 한 아마추어 천문가였습니다.

별에 대해 또 하나 꼭 기억해야 할 것은, 오늘날 우리가 갖고 있는 천문학과 우주에 관한 지식은 그 대부분이 별이 가져다준 것이란 점입니다. 별을 보고 그 위치를 찾고 별빛을 분석함으로써 별의 물질, 우주 나이, 은하, 우주 팽창 같은 것들을 다 알아낸 것입니다.

우리은하 상상도 위에서 바라본 우리 은하 상상도. 나선팔이 둘러싼 중앙에 2만 7천 광년에 달하는 거대한 막대가 보인다. 태양계는 가장자리에서 중앙을 잇는 선의 3분의 1쯤 되는 위치에 있다.

우리은하 남반구 쿡 제도의 망가이아 섬에서 본 아름다운 은하수. 궁수자리 부터 용골자리까지 빛나고 있다. 왼쪽 위에 돌출된 은하 중심과, 중앙 바로 오른쪽에 알파, 베타 센타우리가 보인다. 은하수에서 가장 오래된 별의 나이는 130억 년 이상으로 추정된다.

그래서 어떤 천문학자는 "천문학은 구름 없는 밤하늘에서 탄생되었다"고 말하기도 했습니다. 이처럼 별빛은 위대합니다. 아, 그러고 보니 저 햇빛도 별빛이군요.

어쨌든 이런 별과 인간과의 관계를 알고 밤하늘을 보면, 그 빛나는 별들은 이제 예전에 보던 그 별들이 아닐 것입니다. '아, 우리가 저 별들에게서 왔구나, 저 오랜 시간과 우주의 사랑이 나를 만들었구나' 하는 아련한 그리움과 사랑을 느낀다면 여러분은 이제 '우주적인 사랑'을 가슴에 품은 사람이라고 할 수 있습니다.

어느 아마추어 천문가의 묘비에는 이런 글이 적혀 있다고 하네요.

"우리는 별을 무척이나 사랑한 나머지 이제는 밤을 두려워하지 않게 되었다."

"밤하늘은 왜 어두운가?"

이런 싱거운(?) 질문 하나가 몇 세기 동안 천문학자들의 머리를 싸매게 했다니, 얼른 믿어지지 않지만 사실이다. 이 질문의 의미는 보기보다 심오하다. 어두운 밤하늘이 '무한하고 정적인 우주'라는 기존의 우주관에 모순된다는 것을 보여주기 때문이다. 우주가 무한하고 별들이 고르게 분포되어 있다면, 우리 눈앞에 펼쳐진 2차원의 밤하늘은 별들로 가득 메워져 밤에도 환해야 한다. 왜냐하면 우리 시선이 결국은 어떤 별엔가 닿을 것이기 때문이다. 그러나 현실은 그렇지 않다. 밤하늘은 여전히 캄캄하다! 이건 역설이다. 왜 그런가?

이 화두를 던진 사람은 독일의 천문학자이자 의사인 올베르스다(베셀의 후견인). 그래서 이 역설을 '올베르스의 역설'이라고 한다. 소행성 발견자인 올베르스는 '어두운 밤하늘의 역설'이라고도 하는 이 역설로 더욱 유명해졌다. 이 질문에 대한 올베르스 자신의 답은, 별빛을 차단하는 무엇, 예컨대 성간 가스나 먼지 같은 것들 때문이라는 것이었다. 하지만 땡, 틀렸다. 먼지와 가스층이 우주 공간을 메우고 있다면 오랜 세월 빛에 노출되어 발광성운이 되어 빛나게 되므로 우주는 마찬가지로 밝아질 것이기 때문이다. 케플러도 이 문제 때문에 골머리를 앓다가 "우주가 유한해서 그렇다."고 결론 내리고 말았다. 이 역시 정답은 아니다.

올베르스의 역설을 처음으로 해결한 사람은 뜻밖의 인물이었다. 미국의 작가이자 아마추어 천문가인 에드거 앨런 포였다. 자신이 천체를 관측한 것에 대해 쓴 산문시 「유레카」(1848)에서 그는 "광활한 우주 공간에 별이 존재할 수 없는 공간이 따로 있을 수는 없으므로, 우주 공간의 대부분이 비어 있는 것처럼 보이는 것은 천체로부터 방출된 빛이 우리에게 도달하지 않았기 때문이다"고 주장했다. 그는 또, 이 아이디어는 너무나 아름다워서 진실이 아닐 수 없다고 자신했다. 예술가다운 직관이라 하겠다.

포의 말마따나 밤하늘이 어두운 이유는 빛의 속도가 유한하고, 대부분의 별이나 은하의 빛이 아직 지구에 도달하지 않았기 때문이다. 그것은 또 우주가 태어난 지 충분히 오래지 않았기 때문이기도 하다. 그러나 포가 미처 몰랐던 중요한 사실이 하나 더 있다. 그것은 우주가 지금 이 시간에도 계속 엄청난 속도로 팽창하고 있다는 사실이다. 그러므로 지금 도달하지 못한 빛들은 당분간 아니, 영원히 도달하지 못할 것이고, 밤하늘이 점차 밝아지는 일도 일어나지 않을 것이라는 게 정답이다.

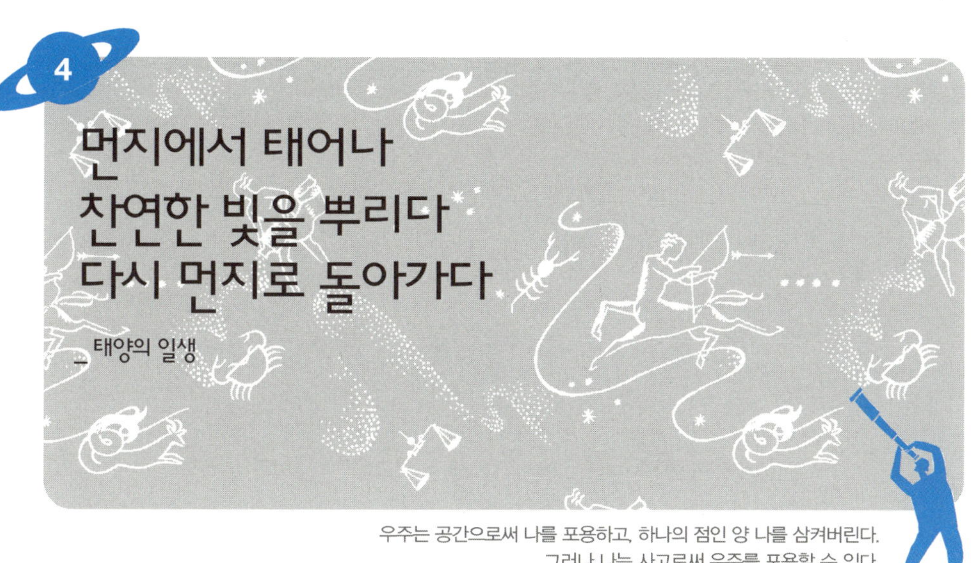

여러분은 지금까지 별이 어떻게 탄생했으며, 무엇으로 빛을 내다가 어떤 최후를 맞이하는지에 대해 살펴보면서 별의 일생, 별의 여정을 쭉 따라가봤습니다. 그리고 그 별에서 만들어진 원소들로 우리의 몸을 얻고 생명을 얻고 살아가게 되었다는 사실도 함께 알았습니다. 말하자면 나와 별의 관계, 별이 우리의 어버이라는 사실을 알게 된 것입니다.

이런 엄청난 사실을 인류가 알게 된 것은 앞에서도 말했지만, 채 100년도 되지 않았습니다. 그 전에는 말하자면 근본도 모른 채 살아온 셈이지요. 이제 여러분은 그 근본을 알게 되었으니 대단한 일 아닙니까?

여기서는 그런 별들 중에서 우리에게 가장 귀중한 별, 태양에 관해서 살펴보겠습니다. 물론 태양이 꾸려가고 있는 이 태양계도 한번 둘러보고 가야겠지요.

태양계라면, 얼핏 좀 거창하게 들리겠지만, 쉽게 우리 인류가 사는 우주 속의 우리 동네쯤으로 자리매김하면 될 듯싶습니다. 과연 이 태양계란 동네는 어떻게 생긴 동네인가? 이 부락의 역사를 좀 알아야지 뭔가 얘기할 것이 있지 않겠습니까? 한번 둘러봅시다. 무척 재미난 일들이 널려 있습니다.

그 전에 돌발 퀴즈 하나! 낮에도 별이 보일까요? 네, '보인다'가 정답입니다. 구름만 끼지 않으면 말입니다. 저 태양도 바로 별입니다. 별 중에서도 지극히 평범한 별이죠.

이 태양계라는 동네의 이장님이 바로 저 태양입니다. 저기 보이죠? 하지만 너무 정면으로 보지는 마십시오. 천체망원경을 사면 예외 없이 이런 경고문이 하나 붙어 있습니다. "경고! 망원경으로 태양을 바로 보지 마십시오. 눈에 영구 장애를 초래할 수도 있습니다." 무섭죠? 말 그대로 '눈 깔아!'입니다.

이 무서운 이장님이 또 별나도 보통 별난 게 아닙니다. 무엇보다 이 태양계 전체 질량 중에서 태양이 차지하는 비율이 무려 99.86%나 된다는 사실입니다. 아무리 이장님이라 해도 그렇지, 이건 너무하다 싶지 않습니까?

'수금지화목토천해'의 여덟 행성과 수많은 위성 및 수만, 수억 개에 이르는 소행성, 성진물질 등 태양 외 천체의 모든 질량을 합해봤자 전체의 0.14%에 지나지 않는다니, 이건 거의 큰 곰보빵에 붙어 있는 부스러기 수준밖엔 안 되는 거지요. 더욱이 그 부스러기 중에서 목성과 토성이 또 90%를 차지한답니다. 그러니, 우리 70억 인류가 아웅다웅하면서 붙어사는 이 지구는 부스러기 중에서도 상부스러기인 셈이지요. 생각할수록 참 기가 막힐 노릇이죠. 그러나 이것이 어김없는 우리의 현실입니다.

참고로, 우리 지구는 태양 질량의 33만 3천분의 1밖에 되지 않습니다. 태양의 지름은 지구의 109배로, 무려 139만km나 됩니다. 이게 과연 얼마만 한 크기일까요? 천문학적 숫자는 상상력을 발휘하지 않으면 실감할 수가 없습니다. 지구에서 달까지 거리가 38만km이니, 태양 지름은 그것의 3.6배란 계산이 나옵니다. 과연 입이 딱 벌어지는 크기죠. 이것이 바로 저 하늘에 떠 있는 태양의 실체고, 태양계라는 우리 동네의 대체적인 사정입니다.

그런데 태양에는 이보다 더욱 중요한 점이 하나 있습니다. 바로 태양계에서 유일하게 스스로 빛을 내는 존재, 즉 항성이라는 특권입니다. 빛을 낸다는 것은 그럼 무슨 뜻일까요? 유일한 에너지원이란 뜻입니다. 말하자면 태양계의 유일무이한 물주라고 보면 됩니다. 어느 모로 보든 태양계의 절대지존이죠.

만일 태양이 빛을 내지 않는다면 어떻게 되는가? 이 넓은 태양계 안에 인간은커녕 바이러스 한 마리 살 수 없게 됩니다. 지구에 존재하는 거의 모든 에너지, 곧 수력, 풍력은 물론이고, 바람 한 줄기 불고 비 한 방울 떨어지게 하는 힘, 하다못해 미운 놈 한 대 쥐어박을 힘까지 태양으로부터 나오지 않는 것이 없습니다. 고로 태양은 모든 살아 있는 것들의 어머니십니다. 그러니 고대 지구상의 모든 종족들이 태양신과 태양종교를 가지고 있었다는 것은 너무나 당연한 현상이죠. 그러므로 어머니 태양에 대해 우리는 좀 더 자세히 알지 않으면 안 됩니다. 그러나 이런 태양도 우리은하에 있는 2천억 개의 별들 중 지극히 평범한 하나의 별에 지나지 않는다는 점도 명심해둬야겠지요.

그럼 우리 동네에서 이 문제적 천체인 태양은 과연 언제 어떻게 생겨나서 우리은하 중심으로부터 3만 광년 떨어진 변두리에서 주야장천 뜨거운 햇빛을 태양계 공간에다 흩뿌리고 있는 걸까요? 이것은 말하자면 태양과 태양계의 역사입니다.

이 태양계는 언제, 어떻게 만들어졌을까? 물론 지구에 사는 어느 누구도 그것을 직접 목격한 사람은 없습니다. 하지만 현대과학은 거의 사실에 가깝게 태양계 생성의 수수께끼를 풀어냈습니다. 이른바 '성운설'로 일컬어지는 그 내용을 간략히 정리하면 다음과 같습니다.

까마득한 옛날, 46억 년 전쯤 어느 시점에, 정체를 알 수 없는 일단의 거대한 원시구름이 우주 공간에서 중력으로 서로 이끌리면서 서서히 뺑뺑이 운동을 시작했다고 합니다. 바야흐로 태양이 잉태되는 순간이죠. 수소로 이루어진 이 원시구름은 지름이 무려 32조km, 거의 3광년의 크기였다네요. 3광년이면 가장 빠른 로켓으로 가도 15만 년은 날아가야 닿을 수 있는 거리입니다. 그러니 지름 32조 km란 상상을 초월하는 크기죠. 하지만 이 크기도 대우주에 비한다면 모래알 한 개 정도밖에 안 되는 것이지요.

어쨌거나 이 거대 원시구름은 중력으로 뭉쳐지면서 제자리 맴돌기를 시작했고, 각운동량 보존의 법칙에 따라 뭉쳐질수록 회전속도는 점점 더 빨라지게 되었습니다. 또한 원반이 빠르게 회전할수록 성운은 점점 평평해집니다. 피자 반죽 달인이 반죽을 빠르게 돌리면 두께가 더욱 얇아지는 것과 같은 이치죠. 이렇게 2천만 년쯤 뺑뺑이를 돌다보니 지금의 태양 크기로 뭉쳐지게 된 것입니다.

그리고 그 각운동량은 27일마다 한 바퀴 자전하는 태양의 자전운동을 비롯, 태양계 모든 천체의 운동량으로 아직껏 남아 있는 겁니다. 그래서 태양 자전축을 중심으로 한 평면상의 궤도를 따라 돌고 있는 것이죠. 지금도 현재진행형인 지구의 자전, 공전 역시 원시구름의 뺑뺑이에서 나온 힘이란 것을 잊으면 안 됩니다. 오늘 해가 뜨고 달이 뜨는 것도 다 46억 년 전 그때의 각운동량 때문이죠. 우리는 이처럼 장구한 시간의 저편과 엮여 있는 존재인 것입니다.

이렇게 뭉쳐진 원시 수소구름은 어떻게 되었을까요? 결론부터 말하면, 밤하늘에 무수히 반짝이는 별들 중 하나가 되었습니다. 좀 전에 말한 별로의 진화과정을 거쳐 핵융합 반응이 일어나 스스로 빛을 냄으로써 태양이라는 별로 탄생하기에 이른 것입니다.

그리고 미처 태양에 합류하지 못한 성긴 부스러기들은 각각으로 뭉쳐져 행성과 위성 기타 등등이 되었지요. 그것이 모두 합쳐봐야 0.14%라는 것이죠. 태양계 탄생이라는 이 모든 일들이 이루어진 것이 약 46억 년 전이라 하니, 우주의 역사 137억 년을 놓고 볼 때 거의 근대사에 속하는 일이라 할 수 있습니다. 천문학자들은 우리 태양이 빅뱅 이후 제1세대의 별은 아니고 제2세대의 별로 보고 있다는군요.

사실 태양계라는 개념이 형성된 것도 그리 오래지 않은 일입니다. 이 태양계라는 존재를 인류가 인식하기 시작한 것은 16세기에 들어서였습니다. 그 전에는 인류 문명 수천 년 동안 태양계라는 개념은 형성되지도 않았다는 얘기죠.

태양이 거느리고 있는 자식 같은 존재로 행성이란 게 있습니다. '수금지화목토천해'로 일컬어지는 행성 8형제는 얼마 전까지만 해도 9형제였습니다. 그러던 것이 막내인 명왕성이 왜소행성으로 분류되어 행성목록에서 퇴출당함으로써 태양계 행성은 8형제로 낙착되었습니다.

이들 행성은 두 부류로 나뉘는데, 수성, 금성, 지구, 화성을 묶어 지구형 행성이라 하고, 목성, 토성, 천왕성, 해왕성을 묶어 목성형 행성이라 합니다. 지구형 행성은 대체로 지구와 비슷한 크기, 질량을 가지며 밀도가 높은 반면, 가스로 이루어진 목성형 행성은 질량이 지구의 15~318배에 이르지만 밀도는 지구형 행성의 20%에 지나지 않습니다.

이 8개의 행성은 태양을 중심으로 짧게는 88일(수성), 가장 길게는 165년(해왕성)을 주기로 공전하고 있지요. 햇빛이 지구까지 오는 데는 약 8분 걸리지만, 해왕성까지 가는 데는 4시간 정도 걸립니다. 지름 10만 광년인 우리은하 크기에 비한다면 태양계 우리 동네는 모래알이나 다를 바가 없죠. 우리은하 역시 지름 940억 광년인 우주에 비한다면 망망대해 속의 조약돌이지요.

사람의 일생과 같이, 이 태양계의 구성원들도 결국은 모두 죽습니다. 약 64억 년 후쯤이면 태양의 표면온도는 서서히 내려갑니다. 대신 몸피는 엄청 커집니다. 적색거성으로의 길을 걷게 되는 것이죠.

물론 그 전에 지구는 바다가 말라붙고 생명들은 멸종을 피할 수가 없게 됩니다. 지구 종말이죠. 78억 년 후면 태양은 대폭발을 일으킵니다. 그와 함께 자신의 외곽층을 행성상 성운의 형태로 날려 보내지요. 그러면 무엇이 남을까요? 태양의 시체가 남습니다. 우리는 이것을 백색왜성[10]이라 하지요. 여기 '왜(倭)'자는 작다, 왜소하다는 뜻입니다.

지구의 최후 모습은 어떨까요? 인류가 한때 문명을 일구며 살았던 지구 잔해들을 포함, 모든 태양계 천체들이 태양의 잔해와 함께 우주 공간으로 흩뿌려질 것입니다. 그 잔해들로 이루어진 성운의 고리가 저 멀리 해왕성 궤도까지 미치게 됩니다. 그 잔해 속에서 잠시 지구라는 행성에서 문명을 일구고 희로애락을 겪으며 살았던 인류라는 지성체가 남긴 문명의 잔해들도 틀림없이 포함돼 있을 겁니다.

태양의 최후 모습은 이렇습니다. 외층이 탈출한 뒤 남은 속고갱이인 뜨거운 중심핵은 수십억 년에 걸쳐 천천히 식으면서 어두워집니다. 백색왜성이 되는 것이죠. 사람으로 치면 화장하고 남은 뼈 같다고 해야 할까요. 이런 모습으로 태양은 무려 120억 년에 걸친 장대한 일생을 마감하는 것입니다.

이것이 태양계의 어머니 별인 태양의 종착역이자 마지막 모습입니다. 120억 년 전 원시구름에서 시작되었던 태양의 장대한 역사는 이로써 대단원의 막을 내리게 됩니다. 애초에 먼지에서 태어나 찬연한 빛을 뿌리며 살다가 장엄하게 죽어 다시 먼지로 돌아가는 것,

10_항성진화의 마지막 단계에서 표면층 물질을 행성상 성운으로 방출한 뒤, 핵반응을 끝내고 남은 열로 빛나고 있는 청백색의 별. 백색왜성은 별 자체가 하나의 거대한 원자핵으로, 그 밀도는 $1cm^3$당 $10^{12}g$, 곧 각설탕 하나 부피의 무게가 100만 톤에 이른다.

이것이 모든 별의 일생인 것입니다. 사람으로 치면 어떤 위인이나 고승의 삶 같기도 하네요.

방대한 '태양왕조실록' 속에 고작 몇백만 년 동안 지구상에 생존했던 인류의 역사는 한 줄 정도로 기록되지 않을까 싶습니다. 이렇게요. "인류라는 지성을 가진 생명체가 한 행성에 나타나 잠시 문명을 일구고 우주를 사색하다가, 탐욕으로 곧 멸망에 이르렀다."

5

별을 보고
나의 위치를 찾다

_북극성에 대하여

천문학은 우주에서 우리가 있는 장소를 찾아내라는
인류의 명령에서 비롯된 것이다.
—닐 타이슨

이제 저 넓은 대우주로 나가기 전에 유서 깊은 별 하나만 더 살펴보도록 하죠. 좀 전에 조만간 대폭발을 할 거라는 베텔게우스만큼이나 주목을 요하는 별입니다. 태양 다음으로 인류에게 가장 친숙한 별이기도 합니다. 무슨 별일까요? 바로 북극성입니다. 지구 자전축을 연장했을 때 천구의 북극에서 딱 마주치는 별이지요. 영어로는 폴러 스타(Polar Star) 또는 폴라리스(Polaris)라고도 합니다. 작은곰자리의 아빠 별이죠.

그런데 이 북극성은 2등성으로 아주 밝은 별은 아닙니다. 하지만 지난 2천 년 동안 북극에 가장 가까운 밝은 별로 대장 노릇을 해왔습니다. 그래서 오랜 옛날부터 항해자들에게 믿음직한 나침반이었고, 육로 여행자에게는 방향과 위도를 알려주는 길잡이 별이었습니다.

북극성이 가장으로 등록되어 있는 작은곰자리는 북극성을 포함한 7개의 별로 이루어진 별자리인데, 북두칠성을 큰 국자에 비유할 때 작은 국자로 비유되기도 합니다. 그리스 신화에서는 큰곰자리와 함께 하늘로 올라간 새끼곰의 하나라고 하네요. 이 작은곰자리 알파별인 북극성은 길잡이 별이 되기에 여러 가지 좋은 조건을 갖추고 있습니다.

먼저, 천구북극에서 불과 1도 떨어져 작은 반지름을 그리며 일주운동을 하고 있다는 점, 안시등급이 2등으로 비교적 밝은 별이라는 점을 들 수 있고, 또 무엇보다 엄청난 하늘의 화살표가 북극성을 가리키고 있어 찾기 쉽다는

북극성의 일주 천년 폐허인 바이킹 교회 잔해 위로 별들이 그리는 동심원 중앙에 북극성이 보인다. 지구의 자전축이 만나는 곳이다. 왼쪽 아래에 쌍둥이자리 유성우가 그리는 빛줄기가 보인다. 스웨덴의 발렌투나에서 2010년 12월 24일 밤에 찍었다.

점입니다. 그것도 둘씩이나! 바로 북두칠성과 카시오페이아자리입니다.

둘 다 눈에 잘 띄는 유명한 별자리지요. 북두칠성은 큰곰자리 꼬리 부분의 일곱 별로서 모두 2등성이 넘는 밝은 별들이고, 카시오페이아는 다섯 개의 별로 이루어진 찌그러진 W자 모양의 별자리입니다. 북극성을 북쪽 하늘에서 댓바람에 찾는 것은, 숙달된 조교

가 아니면 쉽지 않습니다. 두 별자리의 도움이 필수적이죠.

북두칠성에서 북극성을 찾는 방법은, 국자 모양의 끝부분 두 별의 선분을 5배 연장하는 것인데, 그렇게 하면 바로 북극성에 닿게 됩니다. 그래서 이 두 별을 지극성(指極星)이라고 하지요. 카시오페이아에서 찾는 방법은 W자 바깥 부분 두 선분을 연장하여 만나는 점과 가운데 꼭짓점 별을 잇는 선분을 5배 연장하는 것입니다.

알다시피 옛날 뱃사람과 나그네들은 북극성을 보면서 갈 길과 방향을 잡았습니다. 여러분도 바로 이 방법을 써보기 바랍니다. 별을 보고 내가 있는 곳의 방위와 위도를 안다는 것, 그야말로 정직하고 매력적이지 않습니까?

북극성을 찾을 수만 있다면 지구상 어디에 있든 자신의 위치를 가늠할 수 있습니다. 이 같은 사실을 처음 알았을 때 느꼈던 뿌듯함을 아직도 기억하고 있습니다. 북극성을 올려본각이 바로 그 자리의 위도입니다. 예컨대, 제가 사는 강화에서 북쪽 하늘의 북극성을 바라보면 약 38도쯤 됩니다. 따라서 강화의 위도는 북위 38도이고, 곁들여 동서남북을 알 수 있게 되는 거죠. 인류 역사상 수많은 항해자와 조난자들이 이 북극성을 보고서 자신의 활로를 찾아갔습니다. 그들에겐 북극성이 생명의 은인인 셈이죠. 참 고마운 별입니다.

북극성이 인류에게 베푼 은덕은 이뿐이 아닙니다. 고대인들은 이 북극성으로 인해 자신들이 살고 있는 지구가 공처럼 둥글다는 것을 알았습니다. 북쪽으로 올라갈수록 북극성의 올려본각이 커지는 것을 보고는, 이 평평하게 보이는 지구가 실은 공처럼 둥글다는 사실을 깨쳤던 거지요. 이 정도면 정말 인류에게 유서 깊은 별이라 할 수 있겠지요.

몇 해 전 몽골에 갔던 적이 있는데, 그때 본 몽골 밤하늘의 별밭은 정말 환상 그 자체였습니다. 잊을 수 없는 밤하늘이었습니다. 총총한 별들이 바로 머리 위에서 반짝이고 있어, 막대기로 휘두르면 몇 개는 막대기에 닿을 것 같다는 느낌이 들 정도였지요. 그곳이 대기 중에 습기가 거의 없는 건조지대인데다가 해발도 높고, 또 무엇보다 잡광이나 매연이 거의 없는 청정지역이기 때문이죠. 말하자면 몽골 초원은 천체관측에 최적의 조건을 갖춘 곳이었습니다. 몽골로의 별나라 여행도 썩 괜찮을 듯싶더군요.

그때 북천에서 북극성을 봤습니다. 정말 밝고 아름다웠어요. 강화도에서 볼 때보다 확실히 고개를 뒤로 더 젖혀야 했습니다. 내가 서 있는 땅이 북위 50도쯤 되는 곳임을 알 수 있었습니다.

이제 북극성의 진면목, 요샛말로 북극성의 '생얼'을 좀 살펴보지요. 놀라지 마시라. 밝기가 태양의 2천 배인 초거성이고요, 동반별을 두 개나 거느리고 있는 세페이드 변광성[11]입니다. 그러니 세 별이 하나처럼 보이는 것이죠. 세페이드 변광성이란 수축과 팽창을 반복해 밝기가 변하는 별을 가리킵니다. 무엇보다 이 변광성은 지구에서 해당 천체까지의 거리를 알 수 있게 해주는 표준광원이죠. 지구에서 북극성까지의 거리는 약 430광

11_시간에 따라서 밝기가 변하는 별. 별 자체의 원인에 의한 본질적 변광성, 쌍성계를 이루는 두 별이 서로 가려지는 식(蝕)을 일으켜 밝기가 변하는 식변광성으로 분류된다. 세페이드 변광성은 별의 크기가 팽창과 수축을 되풀이하면서 밝기가 변하는 맥동 변광성으로, 변광주기가 수일에서 100일 이내의 주기를 갖는 변광성을 말한다.

년입니다. 오늘밤 당신이 보는 북극성의 별빛은 조선의 임진왜란 때쯤 출발한 빛인 것입니다.

북극성이란 사실 일반명사입니다. 지금부터 5천 년 전에는 용자리 알파별인 투반이 북극성이었습니다. 지구의 세차운동[12] 탓에 지구 자전축이 조금씩 이동한 때문이죠. 지구의 자전축은 우주 공간에 확실히 고정되어 있지 않고 약 2만 6천 년을 주기로 조그만 원을 그리며 빙빙 돕니다. 돌아가는 팽이 꼭지처럼 말입니다. 지금 북극성도 조금씩 천구북극에서 멀어져가고 있어, 약 1만 2천 년 뒤인 서기 14000년에는 거문고자리 알파별인 직녀성(베가)이 북극성으로 등극할 것이라 합니다. 그 베가 북극성을 볼 사람은 적어도 지금 이 자리엔 한 사람도 없으리라

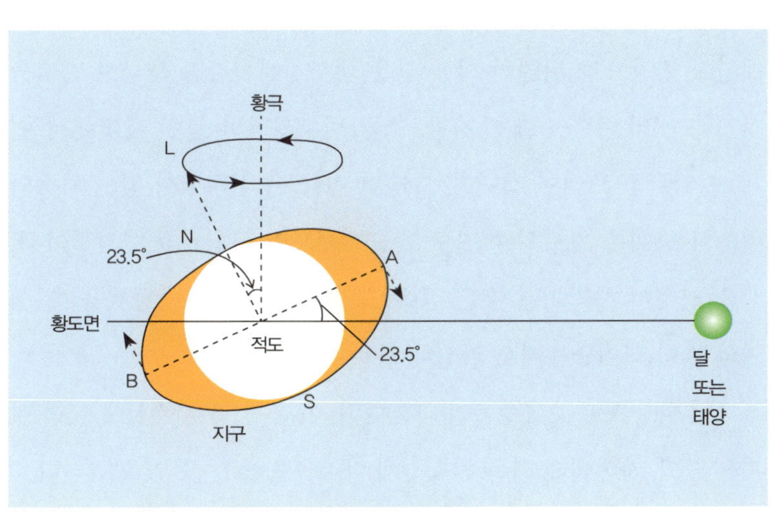

지축의 세차운동

장담할 수 있겠네요. 이 지구상에도 없습니다. 인류가 그때까지 지구상에서 생존할는지도 아주 불투명하지요.

인류가 이 북극성 폴라리스를 향해 음악 선물 한 곡을 띄운 얘기를 해볼까요. 2008년 2월 4일, 미 항공우주국(NASA)은 창립 50주년을 기념해 비틀즈의 히트곡인 〈우주를 넘어서(Across the Universe)〉를 작은곰자리의 북극성을 향해 쏘아보냈습니다. 이 노래는 비틀즈의 존 레논이 작곡한 곡이죠. NASA 국제우주탐사망(DSN)의 거대한 안테나 3대를 통해 동시에 발사되었죠. '현자여, 진정한 깨달음을 주소서'라는 존 레논의 염원을 담은 이 노래는 지금 북극성을 향해 빛의 속도로 날아가고 있습니다. 약 426년 후에 북극성에 도착할 겁니다. 4년 전 일이니까, 지금쯤은 총 여정의 1%쯤 날아갔겠군요. 어때요? 아득하죠?

여러분도 오늘밤에 북녘 밤하늘에서 북극성을 한번 찾아보세요. 매연과 잡광으로 뒤덮인 서울 같은 대도시에서라면 북극성 별빛을 찾기는 거의 불가능할 테지만, 조금 변두리라면 북천 별밭에서 쉽게 그 얼굴을 드러낼 겁니다. 그리고 지금 여러분이 서 있는 지점의 위도와 방위를 가르쳐줄 거구요. 또 모를 일 아닌가요? 그 별이 혹시 여러분이 사막이나 깊은 산속 그 어디에선가 조난당했을 때 생명의 빛이 되어줄는지도 말입니다.

그런 마음으로 북극성을 바라본다면, 이제 그 별은 예전에 보던 별과는 달리, 자신에게 더욱 친숙하게 다가옴을 느낄 수 있을 겁니다.

6

137억 년
우주 역사 속에서의 인류

－우주의 크기

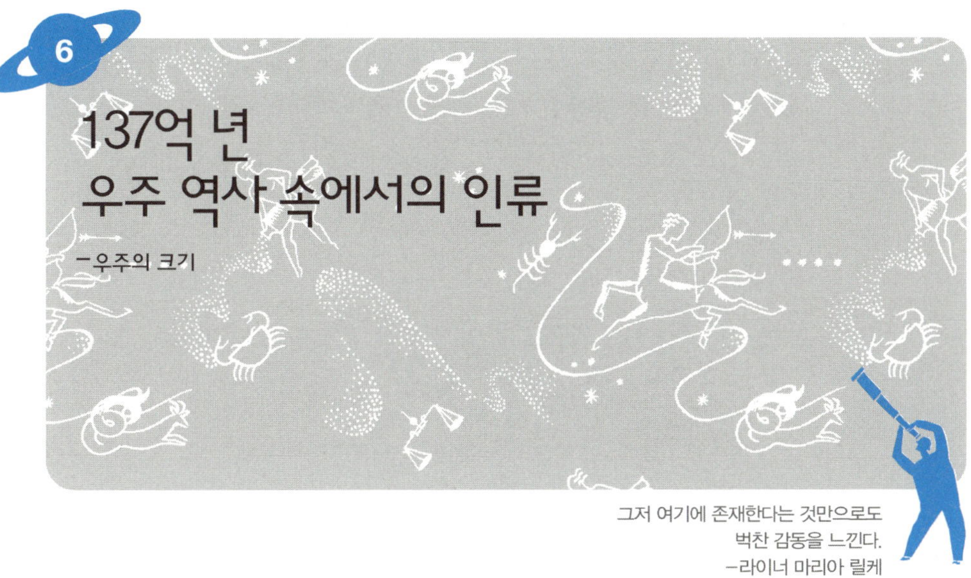

제가 사는 집은 강화도 산속이고 정서향입니다. 십수 년 전 우연히 강화도에 놀러갔다가, 석모도 산 너머로 노을이 지는 것을 보고는 바로 그 자리에서 터를 정했습니다. '여기서 살다가 뼈를 묻자.' 서녘 하늘을 바라보면 왠지 마음이 편안해집니다. 서방정토[13] 사상인가요? 특히 아름다운 노을을 볼 때 그렇습니다. 바람과 구름과 햇빛이 만들어내는 최상의 예술품이지요. 그래서 노을이 질 때면 늘 베란다로 나가 노을 구경을 합니다.

13_불교에서 멀리 서쪽에 있다고 말하는 하나의 이상향(理想鄕). 아미타불의 정토를 말하며 극락정토라고도 한다.

여기서 잠깐 돌발 퀴즈! 노을이 붉은 이유는? 태양이 내는 가시광선 중에 붉은 쪽 광선이 가장 파장이 길기 때문입니다. 지는 해의 광선은 지구 대기를 비스듬히 긴 경로로 통과하기 때문에 파장이 짧은 푸른빛은 일찌감치 공기 입자와 부딪혀 산란돼버리는 반면, 파장이 긴 붉은빛은 덜 산란되어 우리 눈에까지 오는 것이지요. 그렇다면 낮에 하늘이 푸른 이유도 자연 설명되네요. 지표에 가까운 공기 입자들이 푸른빛을 산란시키기 때문이지요. 그러면 공기가 없는 달의 하늘빛은 어떨까요? 아무런 산란도 일어나지 않으므로 새까맣습니다. 그래서 행성 지구를 상징하는 빛은 푸른색, 블루(blue)입니다.

산 너머로 해가 지는 것을 보면 가끔 가슴이 섬뜩해질 때가 있습니다. 이런 거지요. '내가 딱 붙어사는 이 땅덩어리가 허공중에 뜬 채 시방 초속 30km라는 맹렬한 속도로 저 불구덩이 태양 둘레를 돌고 있단 말이지.' 이런 생각을 하면 정말 간담이 서늘해지는 느낌이 드는 거지요. 이건 실제상황입니다.

이런 사실을 인류 최초로 알아낸 사람은 2300년 전 고대인인 아리스타르코스라는 천문학자입니다. 이른바 지동설이지요. 이걸 최초로 알아낸 순간 그는 얼마나 전율했을까요. 초속 30km면 시속으로는 10만km가 넘습니다. 지금 우리가 서 있는 이 땅덩어리가 그런 무지막지한 속도로 우주 공간을 내달리고 있단 말입니다. 정말 머리칼이 쭈뼛 설 일 아닙니까?

그렇게 무서운 속도로 날아다니는 게 지구뿐만이 아니라, 태양계 자체가 초속 220km라는 무지막지한 속도로 은하를 돌고 있다는 사실을 알아낸 게 불과 얼마 전입니다. 한 세기도 안 됐습니다. 그뿐 아닙니다. 우리은하 역시 무서운 속도로 날아가고 있습니다. 20억 년 후면 대마젤란 은하와 충돌할 거라 합니다. 하지만 아직 시간이 많이 남았으니 그다지 걱정하지 않아도 될 듯합니다.

한 80년 전에는 허블이라는 천문학자가 우주 자체가 팽창하고 있다는 사실을 발견했습니다. 고무풍선처럼요. 우주 공간이 빛의 속도로 지금도 부풀어오르고 있다는 거지요. 말하자면 지금 이 우주 안에는 원자 알갱이 하나 제자리에 고정돼 있는 놈은 없다, 일체무상. 이것이 바로 우주의 속성입니다.

우주 나이는 137억 년이라고 나와 있지만, 그럼 우주 크기는 얼마나 될까요? 빅뱅에서 시작된 우주의 나이가 137억 년이니, 그것을 반지름으로 하면 지름은 274억 광년입니다. 그런데 빅뱅 초창기에 인플레이션으로 광속보다 더 빨리 팽창되었다는 점을 감안해서 현재 우주 크기는 대략 940억 광년으로 나와 있습니다. 940억 광년이란 얼마나 큰 것일까? 감이 잡히지 않죠? 빛이 우주를 한 바퀴 돌아오려면 우주의 현재 나이보다 더 긴 시간이 필요하다는 얘기죠.

천문학은 문학 못지않은 상상력을 필요로 합니다. 그러지 않으면 도무지 실감할 수가 없거든요. 저는 하나의 기준점으로 사람의 수명을 이용합니다. 아까도 말했듯이, 우리가 100년을 산다고 칠 때, 약 30억 초 사는 셈입니다. '애개, 겨우 30억 초?'란 생각도 들지요? 하지만 30억이란 숫자도 어마어마하게 큰 숫자입니다. 그런데 940억 하고도 '년'이라니!!! 기가 막히지 않습니까? 하지만 실제상황입니다.

어쨌든 940억 광년 크기라니까, 우주가 유한하다는 건 맞네요. 하지만 끝은 없습니다. 유한한데 끝이 없다니, 그게 무슨 의미일까요? 시간과 공간은 별개의 것이 아니라 같이 엮어 있다는 것을 시공간이라는 말로 표현합니다. 간단히 말하면, 이 우주의 4차원 시공간이 엄청난 스케일로 휘어져 있어 시작과 끝이 없다는 의미입니다. 말하자면 무한 사정거리의 총을 발사하면 그 총알이 결국은 발사한 사람의 뒤통수를 때린다는 거지요.

따라서 이 우주에는 중심도 없고 가장자리도 없습니다. 우리는 3차원 존재라서 그것을 잘 실감할 수 없지만, 2차원 구면을 생각해 보면 좀 이해하기가 쉽습니다. 구면의 어떤 지점도 가장자리라 할 수 없습니다. 그리고 유한하나 끝은 없지요. 개미가 이 구면 위를 여행한다면 무한시간을 걸어도 결코 그 끝에 닿을 수 없겠지요. 그러니 일단 이렇게 정리해둡시다. 우주는 유한하지만 끝은 없다!

앞에서 이 우주라는 구조물을 만들고 있는 가장 기본 자재는, 곧 벽돌은 별이라고 얘기했습니다. 보통 은하는 이런 벽돌 약 2천억 개로 이루어져 있습니다. 암흑물질[14]은 제외하고요. 우리은하도 대충 그만한 별들을 갖고 있습니다. 태양은 그런 별 중 가장 평범한 별 중의 하나지요.

그런 은하가 이 우주에는 몇 개나 있을까요? 역시 약 2천억 개쯤 있다고 합니다. 그럼 별의 개수가 대략 계산되네요. 2천억 제곱 개이지요. 4×10^{22}개, 곧 4백해 개입니다. 이는 지구의 모든 모래알보다 더 많은 숫자입니다. 누군가 지구의

14_우주에 널리 분포하는 물질로서, 전자기파, 즉 빛과 상호작용하지 않으면서 질량을 가지는 물질이다. 암흑물질은 우주 물질의 대략 23%를 차지하며, 나머지는 가시광선으로 관측할 수 있는 물질과 암흑 에너지로 이루어진다.

모래알 수를 계산해본 모양입니다. 두 손을 모아 모래를 뜬다면 약 800만 개가 된다네요. 지름 1만 3천km의 지구 표면에 있는 모래알 수를 대충 계산해보니 약 10^{22}개가 나왔다고 합니다. 그러니 우주의 별은 지구 모래알 수보다 40배가 많다는 계산이 나옵니다. 저 태양 같은 게 우주에 이처럼 많다니 참으로 기절초풍할 노릇 아닙니까?

말이 나온 김에 모래알 계산한 얘기 좀 할까요? 인류 역사상 모래알 수를 최초로 계산한 사람은, 여러분도 잘 알다시피 아르키메데스(BC 287쯤~212)입니다. 목욕하다가 부력의 원리를 발견하고는 너무 기쁜 나머지 "유레카!"를 외치며 벌거벗은 채 거리로 뛰쳐나왔다는 사람 말입니다. 게다가 그는 파이(π) 값을 계산하고, 원의 넓이, 구의 부피와 표면적 등을 알아낸 인물이지요. 지동설의 아리스타르코스와 동시대인입니다. 세계 역사상 뉴턴, 가우스와 더불어 3대 수학자에 꼽히는 천재지요.

그가 어느 날 문득 '모래알로 이 우주를 가득 채우려면 모래알이 몇 개나 들어갈까?' 하는 기상천외한 생각을 하고, 천재적인 방법으로 계산해낸 결과, 8×10^{63}개라는 값이 나왔습니다. 이는 지구상 모래알 개수인 10^{22}개보다 엄청 많은 숫자입니다. 그러나 아르키메데스가 계산해낸 값은 우주를 가득 채우기에는 턱없이 모자라는 숫자임을 이제 우리는 압니다.(자세한 내용은 68~73쪽 참조)

2천억 개의 은하가 존재하는 대우주. 그 은하 간의 거리는 평균 100만 광년쯤 됩니다. 그리고 각 은하 속에는 불타는 2천억 개의 별들이 살고 있습니다. 그 별들 사이의 평균거리는 약 5광년으로 나와 있지요. 5광년이라면 가장 빠른 로켓으로 달려가도 20만 년쯤 걸립니다. 정말 아득하지요. 어떤 천문학자는 별들 사이의 이 아득한 거리에는 신의 배려가 숨어 있다고도 하지만, 언뜻 이해는 가지 않는군요. 이 우주에서 물질이 차지하는 공간은 약 1조분의 1이라고 합니다. 있다고도 할 수 없는 비율이지요. 그야말로 색즉시공(色卽是空)[15]입니다.

우주만 그런 것도 아닙니다. 원자도 마찬가지입니다. 원자의 부피에서 핵이 차지하는 공간은 10만분의 1에 지나지 않습니다. 원자 질량의 99.9%를 차지하는 핵이 말입니다. 핵 외에는 모두 전자의 공간입니다. 자연은 원자를 만드는 데도 너무나 많은 공간을 낭비한 것 같습니다. 물질이란 건 모두 구멍투성이인 것이죠. 그런데도 여러분의 엉덩이가 의자 속으로 빠져들지 않는 건 엉덩이와 의자를 이루는 원자의 전자벽이 서로 강력히 밀어내고 있기 때문입니다.

그런데 은하와 은하가 충돌할 때는 그렇지 않습니다. 별들에 비해 워낙 공간이 많기 때문에 유령처럼 서로의 속을 지나갑니다. (NASA에서 만들어 매일 공개하는 천문사진 코너에서 이런 장관들을 볼 수 있습니다. 'Astronomy Picture Of the Day: APOD'를 보면 따로 천체관측을 하지 않더라도 우주의 아름다운 광경들을 맘껏 즐길 수 있습니다. 전문가의 간략한 설명도 곁들여지므로 공부도 됩니다.)

이 대우주는 모든 면에서 인간의 상상을 뛰어넘고 있습니다. 인간이 지구상에 나타나 문명을 일구며 살아온 것은 고작 1만 년이 채 안 됩니다. 하지만 우주는 137억 년 전에 출발했습니다. 인류의 역사는 찰나에 지나지 않는 것이죠. 우주 속에서 인간은 그런 존재입니다.

앞으로 이 우주의 운명은 어떻게 될 것인가? 그것은 우주가 얼마나 많은 물질을 품고 있느냐에 달려 있습니다. 하지만 어떤 경우의 수든, 물질이 얼마가 되든, 우주가 결국엔 종말에 이를 것이란 점에서는 다를 바가 없습니다.

영겁의 오랜 시간이 지나면 우주의 모든 물질들은 결국 블랙홀로 귀의하고, 다시 10^{108}년이 지나 모든 블랙홀들도 결국 빛으로 증발해 사라진다고 하네요. 그러면 종국에는 전 우주가 열사망에 이릅니다. 엔트로피[16]가 최대가 되어 모든 물질의 온도가 일정하게 된 우주, 이러한 상황에서 어떠한 에너지도 일을 할 수 없고 우주는 올 스톱 상태가 됩니다.

이건 일체무상의 정반대, 곧 일체부동이 되는 것이죠. 전자 한 알 움직이지 않는 세상이 된다는 뜻입니다. 그러면 모든 물질의 소동은 사라지고, 시간도 방향성을 잃어 시간 자체가 사라져버리지요. 과거니, 현재니, 미래니 하는 것 자체가 없어진다는 거죠. 완벽한 무입니다. 이렇게 영광과 활동으로 가득 찼던 대우주는 우울하면서도 장엄한 종말을 맞는 것입니다. 그럼 인류는? 그보다 한참 이전에 어떤 결론을 맞았을 게 분명하겠지요.

16_열의 이동과 더불어 유효하게 이용할 수 있는 에너지의 감소 정도나 무효 에너지의 증가 정도를 나타내는 물리량. 무효 에너지 또는 '무질서도'라고도 한다.

우주를 모래알로 가득 채우려면
몇 개나 필요할까
─현대판 '모래 계산자'

우주를 갖고 숫자놀이를 해보는 것도 재미가 쏠쏠하다. 말하자면 숫자로 감상하는 우주인 셈이다.

제대로 된 우주 숫자놀이를 역사상 가장 처음 한 사람은 아마도 기원전 3세기 사람인 아르키메데스로 추측된다. 그는 이런 재미난 생각을 했던 것이다.

'모래알로 이 우주를 가득 채우려면 몇 개나 필요할까?'

참으로 놀랍고 기상천외한 생각이 아닌가. 먼저 그 놀라운 상상력에 경의를 표하지 않을 수 없다. 고대 세계 최고의 지성으로 꼽히는 아르키메데스를 두고 프랑스의 계몽사상가 볼테르가 호메로스보다 더 훌륭하고 풍부한 상상력을 가졌다고 상찬한 말이 빈말이 아님을 알 수 있다. 아르키메데

아르키메데스 인류 3대 수학자의 한 사람으로 꼽히는 아르키메데스. 모래알로 우주를 가득 채우려면 몇 개나 있어야 하는가 하는 어마어마한 계산에 도전한 인물로 유명하다.

스는 왜 하필이면 자디잔 모래를 갖고 그런 엄청난 계산을 하려 했던 것일까? 모래는 우리가 손가락으로 감각할 수 있는 물체 중 가장 작은 물건이다. 그리고 우주는 가장 크다. 이 극과 극, 둘의 비교는 얼마나 신선한가.

다른 이유도 있었다. 아르키메데스 이전까지 그리스인들이 다루던 숫자의 크기는 기껏해야 1만을 넘지 않았다. 그리고 당시 수학자들은 바닷가의 모든 모래알 수를 나타낼 정도로 큰 수는 존재하지 않는다고 주장했는데, 아르키메데스는 그들에게 그보다 더 큰 수가 존재한다는 것을 증명해 보이기 위해 우주를 가득 채울 모래알 수 계산에 도전했던 것이다.

아르키메데스는 그 도전장인 『모래 계산자』라는 자신의 책 첫머리에서 이렇게 말하고 있다.

"겔론 왕 전하, 세상에는 모래알의 수가 무한대라고 생각하는 사람들이 있습니다. 제가 말씀드리는 모래는 시라쿠사와 시칠리아 섬 전역에 있는 모래만을 이야기하는 것이 아닙니다. 사람이 사는 곳이건 살지 않는 곳이건 세상의 모래란 모래는 다 모았다고 생각해도 좋습니다. 단순히 무한대라는 표현을 쓰지 않고 이렇게 말하는 사람들도 있습니다. '여태껏 이름 붙여진 그 어떤 크기의 수라도 세상 모래알의 수보다는 적다'라고 말입니다."

이렇게 운을 뗀 아르키메데스는 모래알로 우주를 가득 채우려면 몇 개나 있어야 하는가 하는 어마어마한 계산에 도전했던 것이다.

아르키메데스는 대체 어떤 방법으로 그 엄청난 크기의 숫자를 다루는 계산을 해냈을까? 당시는 복잡한 기수법 때문에 단순한 곱하기 문제도 여간 어렵지 않아 일반인들은 풀 엄두도 내지 못하던 때였다. 중세까지만 해도 유럽에 아라비아 숫자가 전해지지 않아, 곱셈을 제대로 하려면 로마로 유학을 가야 했다는 웃지 못할 얘기가 전한다. 지금 생각하면 웃기는 일이지만 당시에는 엄연한 현실이었다.

그럼에도 아르키메데스는 그런 엄청난 계산을 해냈다. 역사상 3대 수학자로 뉴턴, 가우스와 함께 아르키메데스가 꼽히는 것은 다 그럴 만한 이유가 있지 않겠는가.

그가 사용한 계산과정은 그의 위대성을 보여주는 것으로 다음과 같은 방법이었다. 먼저 그는 양귀비 씨앗 한 개의 크기에 해당하는 모래알의 수를 계산한 후, 다음에는 손가락 크기에 해당하는 양귀비 씨앗 개수를 어림잡아 구했다. 그리고 다음에는 육상 경기장 한 곳을 가득 채우는 데 필요한 손가락 개수를 어림 계산하는 등과 같은 과정을 순차적으로 반복해나갔다. 이는 바로 지수 개념의 계산법이라 할 수 있다. 그의 위대한 지성은 기원전 3세기에 이미 지수 개념을 창안해냈던 것이다.

또 아르키메데스는 당시에 알려져 있던 아리스타르코스의 태양중심설을 기준으로 우주의 크기를 정했다. 아리스타르코스의 태양중심설 자체는 전해지지 않고, 아르키메데스의 『모래 계산자』가 그의 태양중심설을 설명하는 글 가운데 오늘날까지 전해오는 유일한 것이다. 아리스타르코스가 지구와 별들 사이의 거리를 따로 밝히지 않았기 때문에 아르키메데스는 이를 대략적으로 추정할 수밖에 없었다. 아르키메데스가 나름대로 추정한 우주의 크기는 약 2광년이었다.

이렇게 하여 아르키메데스가 구한 모래알 개수는 자그마치 8×10^{63}개였다. 이는 지구상 모래알 개수인 10^{22}개보다 엄청 많은 숫자다. 하지만 우주를 가득 채우기에는 턱도 없는 숫자임을 이제 우리는 안다. 현재의 팽창우주는 아르키메데스가 생각하던 크기에 비교가 안 될 정도로 크기 때문이다.

어쨌든 이러한 얘기는 아르키메데스의 『모래 계산자』라는 책에 나온다. 참고로 고대 세계에 아르키메데스 외에도 모래알을 계산한 사람들이 있었는데, 바로 인도인들이었다. 고대 인도인은 갠지스강(恒河)의 모래알 개수를 10^{52}개라고 계산했다. 그래서 이 숫자의 이름이 '항하사(恒河沙)'다.

그럼 실제로 이 우주를 모래알로 가득 채우려면 몇 개의 모래알이 필요할까? 필자가 현대판 '모래 계산자'가 되어, 전 우주를 가득 채울 수 있는 모래알의 개수를 구해보기로 했다.

먼저 모래알의 크기부터 정하자. 보통 지름 2~0.2mm까지의 모래를 조사(粗砂), 0.2~0.02mm사이의 모래를 세사(細砂)라고 한다. 우리는 이중에서 세사를 택해, 그 지름을 편의상 0.1mm로 정하기로 하자.

다음으로 현재 대략 940억 광년 크기로 나와 있는 우주 크기를 km단위로 나타내보자.

1광년$=300,000km \times 3,600(초) \times 24(시간) \times 365(일)=$
$9,460,800,000,000km$(약 $10^{13}km$)

우주 지름$=94,000,000,000$광년$\times 10^{13}km=94 \times 10^{22}km$(약
$10^{24}km$)

모래알 지름$=0.1mm=10^{-9}km$

위 둘을 나누면; 10^{33}배

우주의 지름은 모래알 지름의 10^{33}배라는 답이 나왔다.

부피는 길이의 3제곱이므로

$(10^{33})^3=10^{99}$(개)

즉, 1구골(10^{100})의 10분의 1인 10^{99}개의 모래알이면 온 우주를 모래로 빈틈없이 가득 채울 수 있다는 말이다. 이는 동양권 숫자의 가장 큰 단위인 무량대수(無量大數, 10^{68})보다도 10^{31}배 크고, 아르키메데스의 모래알 수보다는 무려 10^{36}배나 많은 숫자다. 하지만 당시의 수준에서 그 같은 값을 얻었다는 자체가 커다란 업적이라 하겠다.

덤으로, 모래알 하나와 지구와의 크기 비율은 얼마나 되는지 알아보자.

지구 지름$=13,000km$

모래알 지름$=10^{-9}km$

둘을 나누면; 13×10^{12}(13조 배)

그 3제곱은 10^{39}

지구를 모래알로 다 채우려면 약 10^{39}개의 모래알이 필요하다. 따라서 1항하사(10^{52})의 모래알은 지구 10조(10^{13}) 개를 채울 수 있는 양이다. 고대 인도인들의 과장이 좀 지나쳤음을 알 수 있다. 숫자의 위대함이 팍 느껴지는 대목이다. 만물의 근원은 수라는 피타고라스가 맞았다.

필자가 이런 계산을 하는 김에 저 엄청난 태양 속에 수소 원자가 과연 몇 개나 들어앉아 있을까 한번 계산해보았다. 태양 질량은 약 2×10^{33}g이고, 1g의 수소 원자 수는 6×10^{23}개니까, 계산하면 금방 나온다. 지수 법칙을 배운 중학생이라면 다 하는 계산이다. 태양 속 수소 원자는 모두 10^{57}개라는 답이 나왔다. 10^{56}을 아승기(阿僧祇)라 하는데, 위의 값은 10아승기가 된다. 물론 태양 질량의 4분의 1은 헬륨이 차지하지만, 다 수소로 환산해서 계산한 결과다. 참고로, 온 우주의 원자 수는 5×10^{78}개였다. 그중 여러분은 각자 10^{28}개 정도의 원자를 갖고 있다.

7

광막한 암흑 공간 속에
떠 있는 티끌 한 점, 지구

_명왕성에서 찍어온 지구

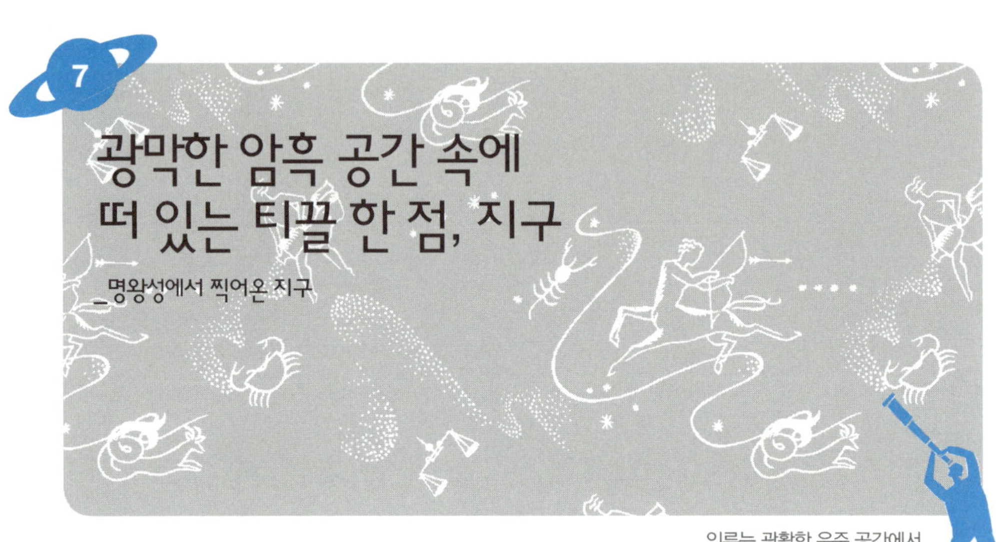

인류는 광활한 우주 공간에서
특별히 안락한 공간, 우주 특구에 살고 있다.
—미치오 가쿠

앞에서 살펴봤듯이, 인류가 이 지구상에 나타나 살기 시작한 이래, 인간사 모든 게 불안정하다는 건 일찍부터 알았지요. 우리에게 보장된 건 아무것도 없습니다. 사실 내일 내가 살아 있을까 하는 문제만 해도 그렇습니다. 확률문제일 따름이지요. 무슨 보장이 있습니까.

그런데 알고 보니 우리가 딛고 있는 이 육중한 땅덩어리까지 움직인다는 것 아닙니까. 이게 허공중에 날아다닌다니 얼마나 황당합니까. 그런데 어디 그뿐입니까. 알고 보니 팽창우주랍니다. 하늘까지 불안정하기 짝이 없습니다. 문자 그대로 하늘을 놀라게 하고 땅을 움직이게 하는 경천동지(驚天動地)입니다. 황망하기 짝이 없는 노릇이죠. 그야말로 어느 것 하나 변하지 않는 것이 없는 일체무상의 우주입니다. 이것이 바로 우주의 속성입니다. 만나면 언젠간 헤어지고 세상에 변하지 않는 것은 없는, 회자정리(會者定離), 제행무상. 우리 선조들은 이런 점을 선천적으로 감득한 듯합니다.

137억 년이란 저 장구한 시간, 940억 광년이란 저 광대한 공간 속에서 그럼 인간이란 무엇일까요? 수만 광년, 수억 광년 바깥의 별들과 은하를 보노라면, 이 티끌 같은 지구 위에 붙어사는 우리 인류가 참으로 외로운 존재가 아닌가 하는 생각이 듭니다. 인류가 만약 위기에 빠진다면 이 우주 속에서 누가 도우러 와줄까요? 다른 지성체가 외계에 살고 있다 하더라도, 우리도 갈 수 없고 그들도 올 수 없을 겁니다. 우리와 가장 가까운 별이 태양 빼놓고는 프록시마란 별인데, 4.3광년 떨어져 있습니다. 빛이 달까지 가는 데는 1초가 걸립니다. 그러나 인간이 로켓을 타고 달까지 가는 데는 4일, 곧 약 35만 초 걸렸습니다. 그러니 4.3광년 거리를 가려면 100만 년이 더 걸립니다. 다른 별들은 최소 수백만 년, 수천만 년입니다.

옛날 사람들은 지구가 우주의 중심에 자리한다고 굳게 믿었습니다. 하지만 알고 보니 태양 둘레를 도는 극히 작은 부스러기에 지나지 않는 것입니다. 그런데 나중엔 이 태양계 역시 바다 같은 은하 속의 조약돌 한 개였습니다. 이게 끝은 아니죠. 우리은하 밖으로 한도 없고 끝도 없는 공간과 은하들이 아찔할 정도로 늘어서 있다는

보이저가 보내온 지구 사진 60억km 밖에서 보는 지구. 70억 인구가 모여 사는 행성 지구가 창백한 점 하나로 보인다. 우주의 입김 한 번에도 날아가버릴 듯한 이 사진이 우주 속의 인간의 위치를 잘 말해주고 있다. 인류는 이처럼 외로운 존재다. 1990년 보이저 1호가 명왕성 궤도 부근에서 찍었다.

걸 알았습니다. '아, 우리은하도 우주 속의 한 개 조약돌에 불과하구나! 우리는 이런 존재구나!' 이것은 인류에게 근본적인 계시죠.

그럼 지구는 어떻습니까? 그야말로 한 점 티끌에 지나지 않습니다. 60억km를 날아간 보이저 1호가 명왕성 궤도에서 찍어 보내온 사진을 보면 한가운데 조그만 점이 하나 있습니다. NASA에서 동그라미 쳐놓지 않았으면 보이지도 않는 점이에요. 그게 70억 인류가 아웅다웅 살고 있는 지구입니다.

그것은 제가 존경해 마지않는 천문학자 칼 세이건 님이 인류에게 선물한 사진입니다. 반대도 많았지만 세이건 박사가 우겨서 찍은 사진이랍니다. 제가 보기에 가장 철학적인 천문 사진이 아닐까 싶습니다. 이 사진을 보면 우리 지구는 광막한 암흑 공간 속에 떠 있는 한 점 티끌임이 절실히 느껴집니다. 그야말로 우주의 입김 한 번에 날아가버릴 것 같은 티끌입니다. 그런 생각을 하다 보면 우리 인류가 우주 속에서 참 외로운 존재구나 하는 느낌을 받게 됩니다. 이 사진에 대한 세이건 박사의 소감을 한번 들어보죠. 거의 시입니다. 제가 이렇게 번역해봤습니다.

다시 저 점을 보라. 저것이 여기다. 저것이 우리의 고향이다. 저것이 우리다. 당신이 사랑하는 모든 사람들, 당신이 아는 모든 이들, 예전에 그네들의 삶을 영위했던 모든 인류들이 바로 저기에서 살았다. 우리의 기쁨과 고통의 총량, 수없이 많은 그 강고한 종교들, 이데올로기와 경제정책들, 모든 사냥꾼과 약탈자, 영웅과 비겁자, 문명의 창조자와 파괴자, 왕과 농부, 사랑에 빠진 젊은 연인들, 아버지와 어머니들, 희망에 찬 아이들, 발명가와 탐험가, 모든 도덕적인 교사들, 부패한 정치인들, 모든 슈퍼스타, 최고 지도자들, 인류 역사 속의 모든 성인과 죄인들이 저기, 햇빛 속을 떠도는 티끌 위에서 살았던 것이다.

지구는 우주라는 광막한 공간 속의 작디작은 무대다. 승리와 영광이란 이름 아래, 이 작은 점 속의 한 조각을 차지하기 위해 수많은 장군과 황제들이 흘렸던 저 피의 강을 생각해보라. 이 작은 점 한 구석에 살던 사람들이, 다른 구석에 살던 사람들에게 보여주었던 그 잔혹함을 생각해보라. 얼마나 자주 서로를 오해했는지, 얼마나 기를 쓰고 서로를 죽이려 했는지, 얼마나 사무치게 서로를 증오했는지를 한번 생각해보라.

이 희미한 한 점 티끌은 우리가 사는 곳이 우주의 선택된 장소라는 생각이 한낱 망상임을 말해주는 듯하다. 우리가 사는 이 행성은 거대한 우주의 흑암으로 둘러싸인 한 점 외로운 티끌일 뿐이다. 이 어둠 속에서, 이 광대무변한 우주 속에서 우리를 구해줄 것은 그 어디에도 없다. 지구는, 지금까지 우리가 아는 한, 삶이 깃들일 수 있는 유일한 세계다. 가까운 미래에 우리 인류가 이주해 살 수 있는 곳은 이 우주 어디에도 없다. 갈 수는 있겠지만, 살 수는 없다. 어쨌든 우리 인류는 당분간 이 지구에서 살 수밖에 없다.

천문학은 흔히 사람에게 겸손을 가르치고 인격 형성을 돕는 과학이라고 한다. 우리의 작은 세계를 찍은 이 사진보다 인간의 오만함을 더 잘 드러내주는 것은 없을 것이다. 우리가 아는 유일한 고향을 소중하게 다루고, 서로를 따뜻하게 대해야 한다는 자각을 이 창백한 푸른 점보다 절절히 보여주는 것이 달리 또 있을까?

그런데 지금 이 지구가 일대 위험에 처해 있습니다. 인간의 무분별한 개발 때문입니다. 매순간 지구의 허파인 아마존의 열대우림이 무서운 속도로 사라져가고 있습니다. 환경학자들은 기온이 지금보다 2도만 더 높아지면 돌이킬 수 없는 파국이 올 거라고 경고합니다. 하지만 이 속도를 늦출 수 있을까요? 인간의 DNA에는 이기심과 욕망이 깊이 박혀 있어 이 개발행위와 환경파괴를 멈추기가 불가능할지도 모릅니다.

신의 마음에 가장 가까이 간 사람이라는 평을 듣는 우주론자 스티븐 호킹[17]이 얼마 전 우주개발을 서둘러 지구를 탈출할 준비를 하는 게 현명할 거라고 말했더군요. 하지만 저는 그게 가능하지 않으리라고 봅니다. 이 우주가 아무리 넓더라도 우리 지구 같은 행성은 거의 없을 거라고 보고, 또 있다 하더라도 갈 수가 없을 겁니다. 아까도 말했듯이 우주선으로는 최소 수백만 년, 수천만 년이 걸릴 테니까요. 인류는 지금이라도 이 지구를 잘 보존해서 함께 살아가는 방법을 찾지 않으면 안 됩니다. 무분별한 개발과 자원 낭비를 이대로 계속해나간다면 이 지구가 두 개, 세 개 있어도 모자랄 겁니다.

17_영국의 우주물리학자. '블랙홀은 검은 것이 아니라 빛보다 빠른 속도의 입자를 방출하며 뜨거운 물체처럼 빛을 발한다'는 학설을 내놓았으며, '특이점 정리' '블랙홀 증발' '양자우주론' 등 현대물리학에 3개의 혁명적 이론을 제시했다.

8

우주를 통해
넓은 시각으로 세상을 보다

_우주의 종말

나의 길을 많이 알게 되고 사랑하게 되자, 광년과 영겁이
더 이상 그렇게 가까이 하기 어렵게 보이지 않게 되었다.
_쳇 데이모

사람들은 아직도 '우주는 무엇인가' 하고 묻지만 딱 떨어지는 답
은 없는 것 같습니다. 스피노자는 "우주는 자연이자 신이다"
라고 말했습니다. '블랙홀'이라는 말을 최초로 지어낸 미국의 물리학
자 존 휠러는 '우리가 알고 있는 물리적 사실들이 혹 모두 환영에 불
과한 것이 아닐까?' 하고 의심하기도 했습니다. 또 옛날 인도의 한 현
자는 이렇게 말했다는군요. "우주는 신이 꾸는 꿈이다." 정말 그럴지
도 모르지요. 이 질문의 답은 영원히 수수께끼일 듯합니다.

하지만 저는 초점은 좀 다르지만 그 질문에 이렇게 답합니다.

"우주는 신비를 넘어 감동이다." 시인 라이너 마리아 릴케는 "그저 여기에 존재한다는 것만으로도 벅찬 감동을 느낀다."라고 했습니다. 과연 시인의 마음입니다. 우리도 이런 시심을 좀 일깨워야 하지 않을까요. 우주를 사색하면서 그런 감동을 느낄 수 있다면 우리가 이 세상에 태어난 것에 대해 본전은 뽑은 셈 아닙니까. 나머지는 덤이지요. 사는 데 큰 어려움을 겪더라도 이렇게 생각한다면 좀 힘이 되지 않을까 싶습니다.

이제 결론을 맺습니다. 천문학의 역사는 우주 속에서 인간이 차지하는 위치에 관한 역사이기도 합니다. 지난 시대의 사람들은 인간이 우주의 중심이라고 믿어 의심치 않았지요. 그러나 오늘에 와서 보면 인간은 우주의 중심은커녕 우주의 어느 구석에 있는지도 모를 티끌이요 바람임을 알게 되었습니다. 이 무한 우주 속에서 인간의 의미는 무엇일까요? 그것을 찾는다는 자체가 부질없는 노릇일지도 모른다는 생각이 들기도 합니다.

지금 이 순간에도 우주는 빛의 속도로 맹렬한 무한 팽창을 계속해가고 있습니다. 수많은 별들이 탄생과 죽음의 윤회를 거듭하고, 수천억 은하들이 광막한 우주 공간을 비산합니다. 그 무수한 은하들 중 한 알 모래인 우리은하 속에서 태양계는 초속 220km로 그 변두리를 순행하고, 지구라는 행성은 또다시 초속 30km로 태양 주위를 순회하고 있지요. 원자 알갱이 하나도 제자리에 머무는 놈 없는, 그야말로 제행무상(諸行無常)[18]의 대우주입니다.

18_불교의 근본 가르침 중 하나로, 모든 것은 쉼없이 생멸, 변화하며, 잠시도 같은 상태에 머무르지 않고 마치 꿈이나 환영처럼 실체가 없다는 것을 말한다.

밤하늘의 별들을 바라보며 생각해봅니다. 저 별빛들은 수천, 수만 광년의 거리를 달려와 지금 내 눈의 망막에 비치는 겁니다. 참으로 무한의 거리, 무한의 시간이라 할 만합니다. 그런 별빛을 보다보면, 어느덧 이 '나'라는 존재는 무한소의 점 하나로 소실되고, 종국에는 딱히 '나'라고 정의할 만한 무엇도 남아 있지 않음을 느끼게 됩니다. '이것이 나이다'라고 주장할 것이 어디 있습니까? 그리고 마침내는, 나와 너라는 차이까지 흐릿해지고, 물(物)과 아(我)의 경계마저 아련해짐을 느끼게 됩니다.

그렇다면 이 영겁 속의 찰나, 우주 속의 티끌인 인간은 무엇인가? 여기서 파스칼(1623~62)[19]이 『팡세』에 쓴 유명한 말을 한번 들어봅시다. 얼마간의 위안은 되니까요.

"생각하는 갈대. 내가 나의 존엄성을 구하려는 것은 공간에서가 아니라, 내 사고의 규제에서다. 내가 아무리 많은 영토를 소유하더라도 그 이상의 것을 손에 넣었다고 할 수는 없다. 우주는 공간으로써 나를 포용하고, 하나의 점인 양 나를 삼켜버린다. 그러나 나는 사고로써 우주를 포용할 수 있다."

문제는 어쩌면 단순할지도 모른다는 생각을 해봤습니다. 수백억 년이란 영겁의 시간 속에, 그리고 광대무변한 우주 공간 속에 '나'라는 존재는 이 자리가 아닌 다른 어디에다 무엇으로 끼워넣어도 달라질 게 무엇인가 하는, 지극히 단순한 사실. 어디에 '나'라고 주장할 게 한줌이라도 있습니까? 천문학자 할로 섀플리의 말마따나

'나'는 뒹구는 돌일 수도 있고 떠도는 구름일 수도 있는 범아일체의 우주입니다.

우리가 우주를 사색하는 것은, 인간이란, 그리고 나란 우주 속에서 얼마나 보잘것없는 작은 존재인가를 깊이 자각하기 위한 것이라 할 수 있습니다. 수많은 시간이 흘러갔고 또 흘러가고 있습니다. 무한의 공간이 여러분 앞에 펼쳐져 있습니다. 이 장구한 시간의 흐름과 공간의 확대 속에서 내 자신 즉 자아의 위치를 찾아내는 분별력과 깨달음을 얻기 위해 우리는 우주를 사색하지 않으면 안 됩니다. 그 사색의 핵심은 '나'를 놓아버리고 '나'를 비우는 일이 아닐까 하고 생각해봅니다.

저는 자주 기막혀 합니다. 어쩌다 내가 하필이면 이런 세상에서 살게 됐을까 하고 말입니다. 별의 물질에서 몸을 일으킨 인간이, 자각하는 존재로서 자신이 태어난 고향인 물질의 대향연을 바라보고 있는 것 아닙니까? 놀랍지 않습니까? 이건 기적이지요. 인류가 우주의 한쪽에서 문명을 일구며 희로애락을 겪으며 살아가고 있는 것, 이것이야말로 우주의 대서사시 아닙니까! 마굴리스라는 생물학자는 이렇게 말했습니다.

"생명은 우주가, 인간의 모습을 띠고, 자신에게 던져보는 하나의 물음이다."

이러한 관점에서 볼 때 인류는, 그리고 여러분 한 사람 한 사람은 바로 우주의 기적인 거지요. 그렇습니다. 우주와 맞먹는 기적이라 할 수 있습니다. 이런 금언도 있습니다. "내가 하늘을 나는 것이 기적이 아니라, 여기 걷고 있는 것이야말로 기적이다."

시야를 좀 좁혀 한국 사회를 한번 살펴봅시다. 바로 우리의 문제입니다. 현재 한국에서는 하루에 43명 꼴로 스스로 목숨을 버리고 있습니다. 자살률 세계 최고입니다. 더 비참한 통계도 있습니다. 20대 젊은이의 사망률 중에서 자살이 차지하는 비율이 45%입니다. 20대의 죽음 중 절반 가까이가 자살이라는 겁니다. 그 이유는 비싼 등록금과 취업문제 등 경제적 이유가 거의 90%를 차지합니다.

무엇이 이 젊은이들을 이렇게 극단으로 몰아붙이는 걸까요? 이 사회가 물질적으로 대단히 불공정한 룰 아래 있다는 증거 아니겠습니까. 우리 사회를 지배하고 있는 신앙은 다름 아니라 바로 물신교(物神敎)[20]입니다. 사람들은 눈앞의 것, 땅 위의 것에만 모든 관심을 쏟습니다. 가치관이 한쪽으로 크게 균형을 잃은 거지요. 그래서 뭔가 여기서 조금이라도 삐끗하면 바로 극단적인 생각들을 하게 됩니다. 시각을 달리하면 또 다른 세상이 있는데 말입니다. 우주교의 전파가 시급하다고 봅니다.

별을 보고 우주를 생각하는 삶을 살다 보면 나름대로의 우주관을 갖게 되고, 또 그러면 보다 넓은 시각으로 세상과 인생을 보고, 보다 균형 잡힌 삶을 살 수 있게 되지 않을까 하는 생각을 해봅니다. 그렇게 되면 좁쌀 같은 세상에서 움츠러들지 않고 힘내서 헤쳐 나갈 수 있을 것입니다. '우주를 사색하면 세상과 인생이 보인다.'

이것이 이번 시간의 중요한 메시지입니다.

그리고 젊은이들에게 이 말을 꼭 하고 싶었습니다. 자신이 진정으로 좋아하고 보람을 느끼는 일을 하라고요. 그게 행복한 삶을 쟁취하는 지름길입니다. 요즘은 뭐를 하든 밥은 먹잖아요. 그러니 남의 눈치 볼 것 없이 자기 좋아하는 일을 열심히 하라는 거지요. 세상 모든 사람들이 그렇게 살 수 있다면 그것이 이상세계라고 봅니다.

저는 사람은 반드시 나름대로 자신의 우주관을 가져야 한다고 생각합니다. 그러려면, 기나긴 우주 진화의 여정 속 어느 한 지점에 잠시 머무는 우리는 생과 멸이 끝없이 윤회하는 것을 지켜본다는 자각을 가져야 하겠지요. 결국 '나'란 존재는, '너 아닌 나'라고 주장할 게 전혀 없는, 광막한 허공중에 잠시 빛났다가 스러지는 한 점 불씨, 그 이상이 아니라는 분별력을 가지는 것, 이런 우주 속에서 자아의 위치를 찾는 것, 이런 겸허한 자세, 이것이 우주를 사색하는 사람의 바른 마음자리가 아닐까 생각합니다.

그럴 때 우리는 머지않아 헤어질 자신의 삶과 세계를 보다 찬찬히 돌아보고 사랑할 수 있지 않을까, 그리고 세상의 웬만한 일에는 크게 좌절하지 않고 살아갈 수 있지 않을까 하고 생각합니다.

성경에 "진리가 너희를 자유케 하리라"는 말씀이 있는데, 이를 차용해 우주에 적용한다면, 이런 말이 될 것입니다.

"우주가 너희 삶에 균형을 잡아주리라."

이 책의 뒤에 제가 꾸민 〈연표로 보는 우주의 역사〉라는 부록을 실었습니다. 우주의 탄생에서 종말까지 쓴 연표지요. 그 연표 마지막 줄이 이렇습니다.

"10^{108}년 후 우주는 완벽한 무덤인 열적 죽음 상태에 들어가다. 물질의 소동 종료. 시간 종료."

그렇지요. 아무런 변화가 없는 곳에 시간은 존재하지 않습니다. 붓다가 말하는 생하고[生], 머무르다가[住], 달라지고[異], 없어진다[滅], 생, 주, 이, 멸 그 자체입니다.

여러분의 행운을 빕니다. 감사합니다.

별을 세는 사람들
—아르키메데스의 후예들

어렸을 때부터 늘 신비와 동경의 눈으로 바라다보던 별. 빌로드처럼 새까만 밤하늘에 아름답게 반짝이는 별들을 보면서 하늘의 별은 모두 몇 개나 될까 궁금해하며, '별 하나 나 하나' 하고 세던 기억은 누구에게나 있을 것이다. 소원을 빌기 위해 내 별, 네 별을 정하기도 하고, 때로는 빛줄기를 그으며 떨어지는 별똥별을 보고 탄성을 지르기도 했다.

그런데 어느 결엔가 우리는 별들을 잊어버린 채 살아가고 있는 자신을 발견한다. 마음에서 순수가 사라지면 별도 같이 사라지고 마는 걸까? 머리 위쪽에도 놀라운 세계가 엄존한다는 생각을 갖고 가끔씩은 하늘을 올려다보며 살아야겠다.

윤동주 시인은 시 「별」에서 하늘의 별을 다 헤일 듯하다고 했지만, 과연 다 셀 수 있을까? 현대 천문학은 한마디로 '불가능'하다고 판정한다. 그런데 온 우주의 별 총수를 계산해낸 사람이 있다.

일찍이 아르키메데스가 모래알로 우주를 가득 채우려면 모래알 몇 개가 들어갈까를 계산한 적이 있지만, 현대 천문학자 중에도 아르키메데스의 후예라 칭할 만한 사람들이 나타난 것이다. 지구의 모래알 수보다 많다는 온 우주의 별을 다 센 호주국립대학의 사이먼 드라이버 박사와 그 동료들이 주인공이다. 이 아르키메데스의 후예들은 2천억 개의 은하를 품고 있는 우주에 존재하는 별의 총수는 7×10^{22}승(700해) 개라고 발표했다. 이 숫자는 7 다음에 0을 22개 붙이는 수로서, 이것은 7조 곱하기 100억 개에 해당한다.

이 숫자를 어떻게 해야 실감할 수 있을까? 어른이 양손 모아 모래를 퍼담으면 그 모래알 숫자가 약 800만 정도 된다. 그것의 10^{16}배가 바로 별의 개수다. 따라서 우주에 있는 모든 별들의 수는 지구의 모든 해변과 해저, 사막에 있는 모래 알갱이의 수인 10^{22}개보다 7배나 많은 것이다. 이 우주에 그만한 숫자의 '태양'이 타오르고 있다는 말이다. 그것들을 1초에 하나씩 센다면, 1년이 약 3200만 초니까, 자그마치 2천조 년이 더 걸린다. 기절초풍할 숫자임이 틀림없다.

흥미롭게도 성서에도 별과 모래의 개수에 대한 언급이 나온다. 역사상 많은 논란을 불러일으켰던 이 성구는 창세기 22장 17절이다. 하나님이 아브라함에게 한 말로, 그대로 옮기면 다음과 같다. "내가 네게 큰 복을 주고 네 씨로 크게 성하여 하늘의 별과 같고 바닷가의 모래와 같게 하리니 네 씨가 그 대적의 문을 얻으리라."

이 구절을 갖고 성서 무오류론자와 그 반대편 진영의 사람들이 치열한 논쟁을 벌였다. 무오류론자들은 당연히 하늘의 별이 바닷가의 모래처럼 거의 무한이라는 데 반해, 반론자들의 논리는 하늘의 별들 수는 기껏해야 6천 개를 넘지 않는데, 어떻게 바닷가의 모래알 수와 비교가 되느냐고 공격했다. 물론 당시는 망원경이 발명되기 전이라 성서 무오류론자들은 제대로 대응할 논리가 없었다.

그런데 망원경이 발명되고, 더욱이 현대에 와서 그 별들의 수가 거의 무한이라는 사실이 밝혀졌다. 기독교측에서 크게 고무되었음은 말할 필요도 없다. 비록 그 망원경으로 하늘을 관측했던 갈릴레이를 종교재판에 부치는 무리수를 두긴 했지만.

그런데 호주 팀이 센 이 같은 엄청난 별의 숫자는 별들을 하나하나 센 것이 아니라, 강력한 망원경을 사용해 하늘의 한 부분을 표본검사해서 내린 결론이다. 드라이버 박사는 우주에는 이보다 훨씬 더 많은 별이 있을 수 있지만, 7×10^{22}승이라는 숫자는 현대의 망원경으로 볼 수 있는 범위 내 별의 총수라고 한다. 별의 실제 수는 거의 무한대일 수 있다고 그는 덧붙였다. 우주는 인간의 상상력을 초월할 정도로 너무나 크기 때문에 우주 저편에서 출발한 빛은 아직 우리에게 도착하지 못했을 수도 있기 때문이다.

우주론 시간여행 1 :

사람들은 우주에 대해 어떤 생각들을 해왔을까

아름다운 발광성운 NGC 6164 이 성운은 태양보다 무려 40배의 질량을 가진 별에서 태어난 것이다. 주인공은 바로 우주구름의 중심부에 보이는 밝은 별로, 나이가 겨우 3, 4백만 년밖에 안 된다. 앞으로 다시 3, 4백만 년이 지나면 저 별은 초신성 폭발로 장렬하게 생애를 마감할 것이다. 4광년에 걸쳐 뻗쳐 있는 저 멋들어진 성운은 양극 대칭을 보여주고 있어 행성상 성운처럼 보이기도 한다. 태양과 같은 별이 일생을 마감하고 죽을 때 저런 아름다운 수의를 두른다. NGC 6164는 수준기자리에 있으며, 거리는 약 4,200광년이다.

우주론 시간여행을
떠나기 전에

우리가 우주를 바라보며 경외감을 느끼는 것은
신의 의도를 무의식적으로나마 느끼고 있기 때문이다.
_찰스 미스너

앞에서 우리는 나와 우주에 대해 폭넓게 다루어봤습니다. 우주란 무엇인가, 나와 우주는 어떤 관계에 있나, 우주 속의 나는 어떤 존재인가 등등을 여러 각도로 생각해보았습니다. 그리고 우주의 시작과 그 종말에 대해서도 간략하나마 살펴보았지요. 하지만 이것으로 우리가 우주의 역사, 우주론의 역사를 다 알았다고 할 수야 없겠지요.

이번에는 고대에서 현대에 이르기까지, 인류의 최고 지성들은 이 우주에 대해 어떤 수많은 생각들을 해왔는지 재미있는 일화를 중심으로 살펴보고자 합니다. 즉, 우주는 둥근 지붕 같은 것으로 덮여 있다는 고대의 천구론에서 현대의 팽창우주론까지, 인류의 천재들이 우주에 대해 사색한 내용들을 알아보고자 합니다. 이런 고수들의 생각과 고민을 들여다본다는 것은 그 자체로 무척이나 흥미로운 일입니다.

그 전에 잠시 오리온자리를 구경해봅시다. 1500광년밖에 안 되거든요. 앞서 얘기했지만, 제 집은 강화도 서쪽 끄트머리의 퇴모산 중턱에 있습니다. 나지막한 산이죠. 높이래야 해발 338m. 다릿심 좋은 이는 30분이면 정상을 밟지요. 그 4부 능선쯤 되는 중턱에 있는 우리 집은 해만 지면 사방이 적요하고, 달이 없는 밤에는 한치 앞이 안 보일 정도로 깜깜합니다. 대체로 그런 사정인지라 요즘 밤 10시쯤 마당에 나서면, 전깃줄에 걸린 방패연처럼 남천에 덩그러니 걸려 있는 별자리 하나를 만날 수 있지요.

바로 오리온자리입니다. 남천과 북천 통틀어 온 하늘을 뒤덮고 있는 88개 별자리 중에서 유일하게 1등성 두 개를 뽐내고 있는 별자리지요. 게다가 가슴께에 아름다운 성운까지 하나 품고 있습니다. 예쁜 나비 모양을 한 오리온 대성운입니다. 이 성운에서는 지금도 태양 같은 별들이 태어나고 있습니다. 어미닭이 알을 품어 병아리를 까듯이 말입니다.

이 성운에서 지구까지의 거리가 약 1500광년이죠. 초속 30만km의 빛이 1500년을 달려가야 닿을 수 있는 거리입니다. 그러니까 지금 내가 보고 있는 오리온 대성운은 신라의 이사부가 우산국(울릉도)을 합병하고, 유럽에서는 프랑크 왕국이 일떠서던 무렵인 1500년 전의 모습이라는 겁니다. 이건 비유가 아니라, 현실이고 분명한 과학입니다. 그때 오리온 성운에서 출발했던 빛이 지금 내 눈의 망막을 찌르고 시신경을 자극하고 있는 것입니다. 부인할 수 없는 어김없는 사실이죠. 이렇게 별을 보고 성운을 보고 은하를 보면서 밤하늘의 별밭을 거닐다 보면 대략 우주의 역사에 대해 생각하게 됩니다.

137억 년 전 '원시의 알'에서 태어난 우주는 지금 이 순간에도 엄청난 속도로 팽창을 계속하고 있지요. 태초의 우주에서 원시 수소 구름들이 수억, 수십억 년을 서로 뭉친 끝에 수천억 은하를 만들어 내고, 그 수천억 은하들이 지금 광막한 우주 공간을 어지러이 비산하고 있는 것입니다.

오늘날 사람들은 이 우주가 지금 이 시간에도 빛의 속도로 무섭게 팽창하고 있다는 사실을 알고 있습니다. 앞서 이야기했던, 이른바 빅뱅에서 시작된 팽창우주론이지요.

현재는 이처럼 우주의 출발에 대해 어느 정도 과학적으로 검증된 이론을 갖게 되었습니다. 그렇다면 옛날 사람들은 우주에 대해 어떤 생각들을 해왔을까요? 빅뱅이론이 하루아침에 태어난 것은 아닙니다. 오랜 우주론의 여정을 거친 후 비로소 그 모습을 드러낸 것입니다.

고대에서 현대에 이르기까지 사람들이 우주에 대해 어떤 생각들을 해왔는가에 대해 두 번째, 세 번째 시간에 걸쳐 우주론 시간여행을 떠나보도록 하지요. 이 여행은 가끔 옆길로 잘 빠지기도 한다는 것을 미리 밝혀두는 바입니다.

우주는 무엇으로부터 어떻게, 왜 생겨났는가

신비한 것은 세상이 어떠한가가 아니라,
세상이 존재한다는 그 자체다.
—비트겐슈타인

17세기의 철학자이자 수학자인 고트프리트 라이프니츠 (1646~1716)[1]는 이 세계의 신비에 대해 이렇게 말했습니다. "왜 세상에는 아무것도 없지 않고 무엇인가가 있는가?" 이 질문은 존재의 신비를 말하는 것입니다. 여러분은 이 질문에 대해 대답할 수 있습니까?

여기 칠판이 있습니다. 어디서 왔습니까? 물론 나무를 켜서 만들었지요. 하지만 그 나무는? 그 나무가 빨아들인 물과 햇빛은? 계속 추적해 올라가면 결

1_독일의 철학자·수학자. 뉴턴과는 별도로 미적분을 창사하고 2진법을 개발했다. S자를 잡아늘인 적분기호는 그가 만든 것이다. 다방면에 박학하고 많은 업적을 남겨 걸어다니는 도서관이란 별명을 얻었다.

국 우리는 시원(始原)에까지 닿게 되고 아무런 대답도 할 수 없게 됩니다. 철학자 비트겐슈타인(1889~1951)[2]은 그래서 이렇게 말했습니다. "신비한 것은 세상이 어떠한가가 아니라, 세상이 존재한다는 그 자체다."

우주론은 그 시원을 찾아가는 지도라고 할 수 있습니다. 먼저 우주론의 정의에 대해서는 앞 강의에서 짚어보았죠. 다시 말하면, 우주의 모습과 그 탄생, 진화, 그리고 종말에 대한 이야기입니다.

우주는 무엇으로부터 어떻게, 왜 생겨났는가? 이 거대 담론보다 더 사람의 마음을 사로잡는 심오한 물음은 없을 겁니다. 이 물음은 곧 모든 것의 근원을 건드리는 존재론인 동시에, 인간인 '나'의 정체성에 관련된 것이고, 또 영겁의 시간과 무한의 공간에 대한 이야기이기 때문입니다.

먼저 우주란 말의 어원부터 살펴보지요. 우주의 어원은 중국 전한시대의의 철학서 『회남자(淮南子)』에 기록된 다음 구절에서 유래합니다. '예부터 오늘에 이르는 것을 주(宙)라 하고, 사방과 위아래를 우(宇)라 한다(往古來今謂之宙, 天地四方上下謂之宇)'. 곧, 시공간을 아우른 명칭이라 할 수 있겠네요. 선인들은 이처럼 탁월했습니다.

한편, 라틴어 우니베르숨(universum)은 유럽의 여러 언어에서 우주를 가리키는 낱말의 어원이 되었습니다. 영어로는 universe이지요. 우니베르숨이 단순히 '온누리'를 뜻하는 것과 달리, 고대 그리스어 코스모스(cosmos)는 질서를 갖는 체계로서의 우주를 뜻합니

2_오스트리아 출생의 영국 철학자. 1939년에 영국 케임브리지 대학 교수로 있으면서 일상언어 분석에서 철학의 의의를 발견하여 분석철학 형성에 큰 영향을 끼쳤다. 1921년에 그의 대표저서 『논리철학론』이 간행됐다.

다. 독특한 개념이죠.

천체를 포함한 우주 전체를 코스모스로 처음 이름 붙인 사람은 피타고라스라고 합니다. 그는 우주를 '아름다운 조화가 있는 전체', 즉 코스모스로 봄으로써 우주를 인간의 사고 안으로 끌어들였던 것입니다.

그럼, 우리 먼 조상님들, 최초의 인류들은 이 우주에 대해서 어떤 생각들을 해왔을까요? 우선 4, 5만 년 전으로 떠나볼까요. 그래봤자 지구 46억 년 역사의 0.001%밖엔 안 되지요. 원시 수렵채취 시대입니다. 천문학의 역사는 인류의 출현과 동시에 생겼다고 저는 믿고 있습니다.

원시인 중에도 천재는 분명 있었습니다. 그가 이름하여 '원시인을 위한 천문학 교과서'를 썼습니다. 제1장은 해와 달에 관한 것이었을 겁니다. 달은 매일 30분씩 늦게 뜨는데, 항상 오른쪽부터 커지거나 작아져서 보름달이 되고 그믐달이 된다, 그리고 29일마다 그것이 되풀이된다, 따라서 보름달이 뜰 때는 좀 늦게까지 사냥하거나 이동할 수 있다, 아마 이런 내용이 그 책에 적혀 있었을 겁니다.

해가 1년 만에 제자리로 돌아온다는 것은 아마 훨씬 후에야 알았을 겁니다. 이건 농사를 지으며 정착생활을 해야만 비로소 알 수 있는 것이거든요. 저는 이러한 사실을 강화도에 정착한 후 확실히 알았습니다. 정서향인 우리 집에서는 멀리 석모도 산 너머로 해가 지는 모습을 볼 수 있는데, 낙하지점이 점점 변화해 한 달이면 상당한 차이를 확인할 수 있습니다. 원시인들이 1년의 길이를 정확히 측정한 것은 농경사회에 들어서서 한곳에 붙박이로 살면서부터였다고 확신합니다. 원시인들도 그 해의 움직임을 보고 그에 맞춰 씨를 뿌리고 추수했을 게 분명합니다. 동지와 하짓날을 정확히 알고 있었을 겁니다.

원시인 천문학 제2장의 내용은 월령과 북극성입니다. 2장의 1쪽에 나오는 것은 밤하늘 달 모양을 보고 월령을 아는 것입니다. 수렵 채취생활을 하려면 내일 달은 언제, 어떤 모양으로 뜨겠구나 하는 걸 알아야 했을 테니까요.

그리고 2쪽에는 북극성 찾는 법이 실려 있습니다. 별 중에서도 인류에게 가장 특별한 의미를 가지고 있는 별이 북극성임은 누구나 아는 사실입니다. 이걸 알아야 방위를 알 수 있기 때문이지요. 북극성은 우리 지구 자전축 북극점 바로 위에 떠 있는 작은곰자리 알파별이지요. 원시인들도 이 북극성을 보고 방위를 알아내고는 밤길을 갔을 것이 분명합니다. 이 원시인들보다 좀 나으려면 북극성에 대해 공부해둘 필요가 있겠지요. 북극성 내용은 앞선 첫 번째 시간에서 자세히 다루었으니 참고하기 바랍니다.

어쨌든 원시인 천문학 책에는 이 정도의 내용이 적혀 있었으리라 추측됩니다. 또 모르죠. 더욱 선진 원시인들은 일식이나 월식까지도 알고 있었을 가능성을 배제할 순 없겠죠.

그런데 이런 것보다 더욱 중요한 것은 이 원시인 천재들이 세계 각 민족들에게서 전해오는 창조신화의 창작자들이란 사실입니다. 이들은 깊은 밤 동굴 앞에 앉아 하늘에 떠 있는 별들의 운행을 지켜

보면서 천지창조에 대해 깊이 생각했을 것입니다. 프랑스의 철학자 볼테르(1694~1778)는 이렇게 물었습니다. "도대체 사물들은 왜 존재하는가?" 이 원시인 천재들도 마찬가지였을 겁니다. 그래서 그들은 무한한 상상력을 발동하여 세계 곳곳에서 창조신화를 만들어냈던 것입니다.

고대 인도인들의 우주론은 이렇습니다. 우선 거대한 뱀 위에 거북이 올라앉아 있고, 그 거북 등 위에 네 마리의 코끼리가 반구(半球)의 대지를 떠받들고 있습니다. 그리고 그 중앙에는 수미산(須彌山)[3]이 솟아 있으며, 해와 달은 그 위를 돌고 있다는 것입니다.

고대의 가장 오래된 우주관은 메소포타미아 문명을 일으킨 수메르인들이 만들었습니다. 그들은 하늘엔 눈에 보이지 않는 신들이 있으며, 이 신들이 지상에서 일어나는 모든 사건에 영향을 끼친다고 믿었죠. 또 평평한 지구는 하늘이라는 둥근 천장이 덮고 있고, 이 천장과 땅 사이에는 태양과 달, 별들이 가득 차 있는데, 이 모두가 신들의 지배를 받는다고 생각했습니다. 이른바 둥근 천장 우주론이지요.

이집트인의 우주관은 낭만적입니다. 하늘의 여신 누트는 평평한 땅을 위에서 활처럼 에워싸고 있는데, 누트의 몸에는 별들이 아로새겨져 있다고 생각했습니다. 그리고 누트가 매일 저녁 태양을 삼켰다가 새벽에 다시 토해내기 때문에 낮과 밤이 생긴다고 생각했지요.

다음으로, 우리나라 고대의 우주론은 어떤 걸까요? 일찍이 중국

3_고대 인도의 우주관에서 세계의 중심에 있다는 상상의 산.

의 영향을 받아 혼천설(渾天說)이 주류를 이루었는데, 요약하면 이렇습니다.

　달걀의 껍질이 노른자를 둘러싸고 있듯이 우주도 하늘이 땅을 둘러싼 모습으로 되어 있다. 하늘은 그 모습이 둥글고 끝없이 일주운동을 한다 하여 혼천이라 한다. 혼천설에 의하면, 하늘의 둘레는 365 1/4도인데, 그 반(半)은 땅 위를 덮고 반은 땅 아래에 있어서 28수(宿)[4]의 반은 보이고 반은 가려져 있다. 그리고 그 둘의 끝에 남극과 북극이 있으며, 북극은 땅에서 36도 올라와 있고, 남극은 땅 속으로 36도 들어가 있다. 또한 남극과 북극에 대하여 91도 떨어진 곳에 적도(赤道)를 두고, 적도에 대하여 다시 24도 기운 황도(黃道)[5]가 있다.

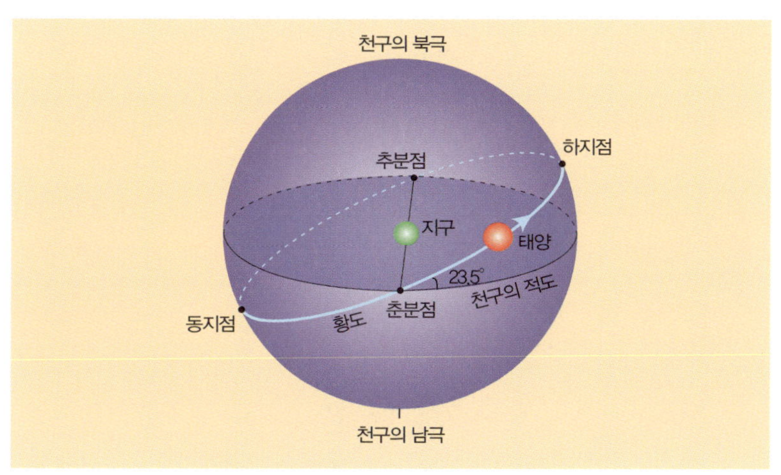

천구상의 태양의 궤도

이 혼천설이 삼국시대에 도입된 이래 조선 초기에 이르기까지 정통적 우주관으로 자리했습니다.

각 민족들의 천지창조 신화에서 나타나듯이, 이름 모를 이들이 원시의 삶을 이어가면서 깊은 밤, 동굴이나 움집에 앉아 놀라운 상상력으로 창작해냈던 천지창조 신화야말로 바로 인류 최초의 우주론이었습니다. 이러한 원초적인 우주론을 딛고 다음 시대 또 다음 시대의 우주론들이 이어져 오늘에 이른 것입니다.

2

하늘의 번지수 별자리 찾기, 천문학의 시작

예부터 오늘에 이르는 것을 주(宙)라 하고, 사방과 위아래를 우(宇)라 한다.
—『회남자(淮南子)』

원시인들이 보았던 그 원시의 밤하늘을 한번 상상해봅시다. 그때 무슨 공해가 있었겠습니까, 잡광이 있었겠습니까. 달 없이 맑은 밤하늘은 그야말로 별과 은하수로 휘황찬란했을 겁니다.

이 별들은 동에서 떠서 서녘으로 지는 질서 있는 운행을 계속합니다. 원시인과 고대인들은 그런 밤하늘에서 무한한 상상력을 꽃피웠을 것입니다. 지금 우리가 알고 있는 별자리는 그런 고대인들의 상상력의 산물입니다.

그럼 대체 어떤 사람들이 별자리를 처음으로 만들었을까요? 추측컨대, 틀림없이 직업상 밤잠을 잘 자지 않는 사람들일 것 같지 않습니까? 그렇습니다. 별자리의 원조는 바로 밤에도 뜬눈으로 양떼를 지켜야 하는 목자들이었습니다. 저 근동의 티그리스 강과 유프라테스 강 유역, 그러니까 메소포타미아 지역에서 양떼를 기르던 유목민인 칼데아인이 그 주인공입니다. 성서에도 아브라함의 고향이 '갈데아 우르'라고 나오는데, 그곳이 바로 이 지역입니다.

한 5천 년 옛날로 거슬러 가볼까요. 양떼를 지키기 위해 드넓은 벌판 한가운데서 밤새 보초 서던 사람들이 무슨 할 일이 있었겠습니까. 전기도 없는 캄캄한 밤중에 마을 처녀 생각하는 것도 하루 이틀이지, 만고에 할 일 없이 심심하던 차에 눈에 들어오는 거라곤 밤하늘의 별들뿐이었던 게지요. 그러니 별과 눈 맞추고 놀 수밖에 없는 그들에겐 별들이 장난감이었고 별밭이 게임기였습니다. 게다가 요즘처럼 잡광도 매연도 없는 칠흑 하늘이라 총총한 별들이 손에 잡힐 듯했을 것이고, 그래서 더욱 감동 먹었겠지요. 행복한 사람들이죠.

그런데 그들이야말로 최초의 진정한 별밤지기였고 아마천(아마추어 천문학자)의 원조였던 거지요. 별밭에서 유난히 밝게 반짝이는 별들이 눈에 띄어 그 별들을 선으로 잇다보니 눈에 익은 꼴이 더러 나올 게 아닙니까. 그래서 별자리 이름을 보면 염소니, 황소니, 양이니 하는 짐승 이름들이 대세인 겁니다. 처녀자리는 예외지만.

어쨌든 이 유목민 보초들은 매일 밤 이런 놀이를 하다 보니 뜻하지 않게 천문학 개론을 독학하는 결과를 가져왔습니다. 북두칠성이 서녘으로 기우는 것을 보면 얼마 후 동이 트겠다는 것을, 저녁 무렵

동녘에 오리온자리가 떠오르면 곧 겨울이 오리란 것을 알게 되었겠죠. 이렇게 천문학은 아마추어에서 시작되었던 것이죠.

기원전 3000년경에 만들어진 이 지역의 표석을 보면, 양, 황소, 쌍둥이, 게, 사자, 처녀 등 황도를 따라 배치된 12개 별자리, 즉 황도 12궁을 포함한 20여 개의 별자리가 기록되어 있습니다. 황도는 태양과 행성이 지나는 하늘길입니다. 그들은 또 1년이 365일 하고도 4분의 1일쯤 길다는 것도 알고 있었죠. 초야에 고수가 있다고, 독학으로 쌓은 유목민 보초들의 천문학 내공은 이처럼 상당한 수준에까지 이르렀던 겁니다.

근년에 3천 년의 역사를 자랑하는 이 황도 12궁이 대변혁을 맞기에 이르렀습니다. 이 황도 12궁이 2011년에 13궁으로 바뀌는 이변이 일어난 겁니다. 고대 바빌로니아에서 결정된 이후 3천 년 동안 변하지 않던 12궁에 뱀주인자리(Ophiuchus)가 끼어듦으로써 13궁이 된 것이죠. 사연인즉, 지구가 점차 이동함에 따라 자전축의 위치가 바뀌어 결국 별자리의 변화를 가져왔다고 합니다. 뱀주인자리의 시기는 11월 29일에서 12월 17일까지입니다. 1년 중 이 기간 동안 태양은 이 별자리에 머문다는 뜻이죠. 별점쟁이들도 원활한 영업을 위해 별점책의 개정을 서둘러야겠습니다.

황도 12궁을 그린 비잔틴 모자이크화

황도 12궁 별자리와 그 상징 문양

이집트인들의 천문학 내공도 만만찮았어요. 역시 기원전 3000년경 이미 43개의 별자리가 있었다고 합니다. 그후 바빌로니아·이집트의 천문학은 그리스로 전해졌습니다.

별자리란 한마디로 무엇일까요? 한자로는 성좌(星座)라고 하지요. 요즘 천문학 하면 별자리부터 연상하는 사람들이 많은데, 사실 별자리란 한마디로 하늘의 번지수입니다. 땅에 붙이는 번지수는 지번이라 하니, 별자리는 천번(天番)이라고 할까요? 하늘의 번지수는 88번지까지 있습니다. 별자리 수가 남북반구를 통틀어 88개 있다는 말이죠. 이 88개 별자리로 하늘은 빈틈없이 경계지어져 있습니다. 그런데 별자리를 구성하는 그 별들은 서로 별로 연고도 없는 사이랍니다. 거리도 다른 3차원상의 별들이지만, 2차원으로 쳐서 억지춘향으로 서로 엮어놓은 데 지나지 않지요. 그냥 번지수일 따름입니다.

스스로 '별 볼 일 있는 사람들'(아마추어 천문가)이라고 자부하는 별밤지기들은 "시리우스 별은 큰개자리에 있고, 플레이아데스 성단은 황소자리에 있다"는 식으로 말합니다. 목적하는 천체를 엉뚱한 별자리에서 찾으면 "번지수를 잘못 찾았다"고 하죠. 그러니 별자리는 딱 하늘의 번지수인 것이죠. 예부터 별자리는 여행자와 항해자의 길잡이였고, 야외생활을 하는 사람들에게는 밤하늘의 거대한 시계였습니다. 지금도 이 별자리로 인공위성이나 혜성을 추적합니다. 이중 우리나라에서 볼 수 있는 별자리는 67개입니다.

만고에 변함 없어 보이는 별자리도 사실 오랜 시간이 지나면 그 모습을 바꿉니다. 별자리를 이루는 별들은 저마다 거리가 다를 뿐 아니라, 1초에도 수십에서 수백km의 빠른 속도로 제각기 다른 방향으로 움직이고 있지요. 다만 별들이 너무 멀리 있기 때문에 그 움직임이 눈에 띄게 관측되지 않을 뿐이죠. 그래서 고대 그리스에서 별자리가 정해진 이후 거의 별자리의 모습은 변하지 않았습니다. 별의 위치는 2천 년 정도의 세월에도 거의 변화가 없었다는 것을 말해주는 것이죠.

하지만 더 오랜 세월, 20만 년 정도가 흐르면 하늘의 모든 별자리들이 완전히 달라지게 됩니다. 북두칠성은 더 이상 아무것도 퍼담을 수 없을 정도로 찌그러진 됫박 모양이 될 것이며, 북극성은 서기 14000년, 그러니까 1만 2천 년만 지나도 거문고자리의 알파별 직녀성(베가)에게 북극성 이름을 물려주게 됩니다.

그렇다고 별자리를 덧없다고 여기지는 맙시다. 기껏해야 100년을 못 사는 인간에겐 그래도 별자리는 만고불변의 하늘 지도이고, 여러분을 우주로 안내해줄 첫 길라잡이이니까요.

3

천체가 지구 주위를 돈다는
천동설의 탄생

땅이 둥글다는 것은 땅을 비출 수 있는 거울이 알려줄 것이다. 월식이 바로 땅의 거울이다.
월식을 보고도 땅이 둥근 줄 모른다면, 거울로 자기 얼굴을 비춰보고도
제 얼굴인지 알지 못하는 것과 같다. ─홍대용(조선 후기 과학사상가, 1731~1783)

최초의 별자리들이 만들어지기까지는 대체로 무명의 민초들이 쌓아올린 천문학이 대세를 이루었고, 기원전 5, 6세기에 들어서면 이집트, 메소포타미아 천문학을 받아들인 고대 그리스 '먹물'들의 천문학이 이를 이어받습니다. 이때부터는 당연히 유명 씨 천문학자들이 등장하지요.

제일 먼저 눈에 띄는 사람은 최초의 철학자라고 일컬어지는 탈레스(BC 624~546?)입니다. 별을 보며 가다가 물구덩이에 빠졌다는 사람 말입니다. 하녀로부터 땅도 모르는 주제에 무슨 하늘을 보

고 다니느냐고 놀림 받았다는 이 사람은 사실 여러 가지 기록 보유자입니다. '맞꼭지각은 서로 같다, 이등변 삼각형의 두 각은 같다'는 등의 명제를 발견한 최초의 기하학 확립자이자 만물의 근원을 처음으로 추구한 철학자입니다. 탈레스는 만물의 근원은 물이라고 해서 '물의 철학자'로 불린다는 말은 앞에서도 한 바 있지요. 또 한 가지. 이솝 우화에 나오는 꾀 많은 당나귀 이야기의 주인공이기도 합니다.

탈레스가 천문학사에 이름을 올린 까닭은 최초로 일식을 예측한 업적 때문입니다. 또 그는, 지구는 편평하고 물 위에 떠 있는 거라고 믿었습니다. 물의 철학자다운 우주론이네요. 이 광대한 땅덩어리가 허공중에 떠 있을 리는 만무하고, 무언가에 의해 받쳐져 있을 거라는 생각은 우리의 감각에 비추어 너무나 당연하고 자연스러운 귀결이라 하지 않을 수 없겠지요. 이게 바로 천동설의 본질입니다.

재미있는 사실은 아직도 미국 인구 중 22%가 '태양이 지구 둘레를 돈다'고 믿으며, 4%는 모른답니다. 이것은 2011년 말경 〈워싱턴 포스트〉에서 실시한 여론조사 결과입니다. 성별로 보면, 여성 가운데 28%가 천동설이 맞다고 답해 남성(16%)보다 높은 것을 알 수 있습니다. 더욱이 '지구가 평평하다고 믿는 모임'이라는 단체까지 건재하고 있다고 하니, 참으로 못 말릴 사람들이 어느 시대, 어느 부류에나 있는 법인가 봅니다. 인간이란 원래 완고한 법이죠. 자신의 잘못을 깨우치는 것은 정말 쉬운 일이 아닙니다. 그래서 옛날 어느 현자는 이런 말을 했나 봅니다. "물고기는 자신의 몸이 물에 젖어 있다는 것을 모른다.”

탈레스 다음으로 등장하는 인물은 그의 젊은 제자 아낙시만드로스(BC 610~546)라는 사람인데, 청출어람이라고 스승보다 더 심오한 말을 했습니다. 탈레스가 만물의 단일한 근본 재료가 ‘물’이라고 한 데 반해 그는 더욱 근본적이고 근원을 이루는 것은 어떠한 규정도 없는 무규정의 물질로, 양적으로나 질적으로 무한한 것이라 말했는데, 이것을 그리스어로 ‘무한자’란 뜻인 아페이론(apeiron)이라 불렀습니다. 이것은 불사불멸의 영원히 운동하는 물질이고, 이것이 뜨거운 것과 차가운 것이라는 대립물을 낳으며, 이들의 투쟁에 의해 만물이 만들어지지만, 만물은 또 필연적 법칙에 따라 소멸하여 근원으로 되돌아간다고 합니다. 뭔가 현대적인 우주론 느낌이 나지 않습니까? 마치 쿼크나 소립자, 에너지 같은 이야기를 듣는 듯하네요.

아낙시만드로스의 우주론 그림은 이렇습니다. 우주는 구(球) 모양이며 그 중심에 원주 모양의 대지가 정지해 있다, 천구 중심에는 지주가 없고, 정지해 있는 원통형의 지구 주위를 해, 달, 별이 돈다고 생각했지요. 이 원통형 지구는 이렇게 생각하면 됩니다. 세탁기 속에 둥근 통이 들어 있지요. 그 통이 물로 가득 채워져 있고, 바로 바다지요, 그 가운데 땅덩어리가 세 조각 떠 있는 겁니다. 그리고 그 위로 해, 달, 별들이 돌고 있는 모델이지요. 이것을 원통형 우주 모델이라고 합니다. 아낙시만드로스는 이런 구조로 직접 천구의를 만들었다고도 합니다. 어쨌든 스승인 탈레스의 우주론보다는 상

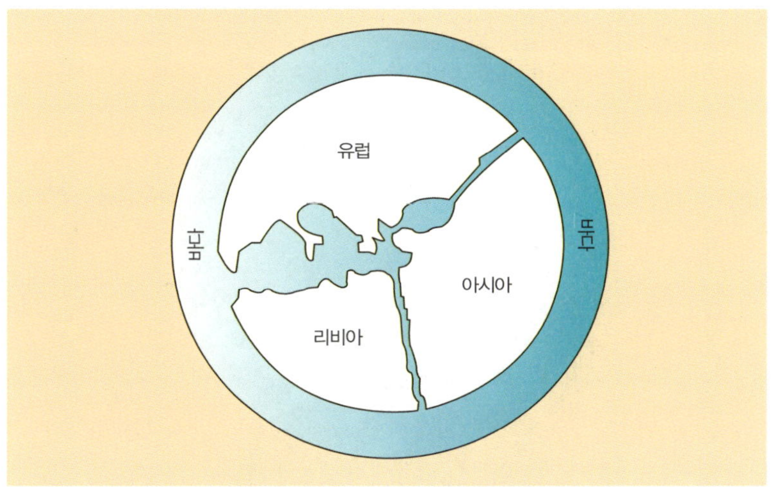

아낙시만드로스 우주체계
우주는 구(球) 모양이며 그 중심에 정지해 있는 원통형의 지구 주위를 해, 달, 별이 돈다고 생각했다.

당히 진척된 그림인 것만은 사실인 것 같습니다.

계속해서 피타고라스 학파, 플라톤 학파, 아리스토텔레스로 이어지면서 천체들의 운행에 대해 여러 가지 해석이 시도되었지만, 어디까지나 천동설 위주의 이론들이었습니다. 예컨대, 구가 완전한 형상이라는 사고로부터 지구 및 천체는 구이고, 신성한 천체는 지구의 둘레에서 완전한 형상인 일정한 원운동을 한다는 거지요.

관측이 정밀해짐에 따라 행성들이 순행, 정지, 역행 등 불규칙한 운동을 하는 걸 알게 됐습니다. 역행이란 지구에서 봤을 때, 보통 행성이 서쪽에서 동쪽으로 움직이는데, 반대로 동쪽에서 서쪽으로 움직이는 것처럼 보이는 걸 말합니다. 그런 현상이 제일 심한 게 바로 화성이지요. 화성을 보면 고리를 그릴 때가 있습니다.

그 시대 사람들은 이 우주를 둘로 딱 갈랐습니다. 지상과 천상. 그럼 그 경계는 무엇일까요? 바로 달입니다. 달은 알다시피 위상 변화를 하지 않습니까. 그래서 중간적인 존재라고 믿은 거지요. 그리고 천상의 존재는 완전한 존재이므로 영원불변하며, 그들의 운동은 가장 완벽한 형태인 원운동을 해야만 한다, 이것이 그 시대 최고 지식인들의 우주론이었습니다.

　화성의 역행은 그럼 어떻게 된 것일까요? 플라톤 학파는 이렇게 설명했습니다. "그 불규칙성은 외관에 불과한 것이다. 그 불규칙한 운행은 여러 개의 원운동을 합성하면 충분히 설명할 수 있다." 이것에 대한 답으로 에우독소스의 동심천구설(同心天球說)이라는 우주론이 나왔지요. 별과 태양, 달, 행성, 어느 것이나 지구를 중심으로 하는 동심천구 위를 돌고, 이것들은 각각의 축의 둘레를 일정하게 회전한다는 식으로, 약간의 일정한 원운동을 합성해서는 행성의 불규칙한 운동을 설명했습니다.

　지금에 와서 보면, 이들의 이론이 이것저것 가져다 '땜빵'한 거라며 무시할 수도 있겠지만, 당시의 여건과 수준에서 볼 때는 최고의 학자들이 구축한 최상의 이론이었던 것만은 분명합니다. 화성 역행의 정답은 이렇습니다. 화성이 공전 방향을 바꿔 거꾸로 가는 것처럼 보이는 것은 지구의 움직임 때문입니다. 즉, 역행 움직임은 지구가 화성보다 태양에 가까운 공전 운동에서 화성보다 빨리 움직여 화성을 따라잡기 때문에 나타나는 현상이지요.

4

삼각형이 가르쳐준 지동설

철학은 우주라는 드넓은 책에 씌어졌다. 그것은 수학의 언어로 씌어졌으며, 그것의 문자는 삼각형, 동그라미와 그밖의 기하학적 수치다.
―갈릴레이

기원전 3세기 천동설이 콘크리트처럼 단단한 지반을 형성하고 있을 때 그 틈새를 비집고 놀라운 한 천재가 나타났습니다. 그는 이렇게 주장했습니다.

"우리가 발 붙이고 살고 있는 이 땅덩어리가 사실은 물 위에 떠 있는 것도 아니요, 코끼리 등에 올라타 있는 것도 아니다. 허공중에 그냥 떠 있을 뿐만 아니라, 저 불 덩어리인 태양 둘레를 돌고 있는 것이다!"

기절초풍할 소리 아닙니까? 바늘 하나도 허공에서 놓으면 땅으

로 바로 떨어지는데, 이 어마어마한 땅덩어리가 허공중에 떠 있다
니요? 현대과학의 세례를 받은 우리도 사실 이 지구가 이 순간에도
초속 30km라는 맹렬한 속도로 태양 둘레를 돌고 있다는 거, 감각
적으로는 안 믿기지 않습니까?

그러니 고대 사람들에게 땅덩어리가 공중에 떠 있다는 주장은
정말 황당하기 짝이 없는 말로 들렸을 겁니다. "저 친구 머리가 돈
거 아냐? 공부를 너무 한다 싶더니 드디어 맛이 갔군." 아마도 그랬
을 겁니다.

이 천재가 지동설을 주장하게 된 근거는 두 가지였습니다. 저 앞
에서 말한 북극성, 그리고 월식입니다. 그는 이렇게 생각했습니다.
'북쪽으로 갈수록 북극성 고도가 점점 높아진다. 이는 곧 지구는 곡
면을 가진 구라는 뜻이다. 그리고 월식 때 월면에 비치는 지구 그림
자를 보면 원형이다. 이는 지구가 구체라는 움직일 수 없는 증거 아
닌가. 지구가 만약 삼각형이라면 그림자도 삼각형일 것이요, 편평
한 판이라면 그림자도 길쭉하게 비칠 게 아닌가. 그런데 월식 때 보
면 달에 드리워진 지구 그림자는 언제나 둥그렇다.' 그래서 그는 만
약 우리가 달 정도의 거리에서 지구를 본다면 틀림없이 둥그렇게
보일 것이라고 확신한 것이죠.

이 천재는 여기서 한 걸음 더 나아갔습니다. 달에 비친 지구 그림
자의 곡률과 달 가장자리 곡률을 비교했습니다. 그 결과 지구 크기
가 달의 약 3배라는 결론을 내렸던 것입니다. 오늘날 참값은 4배로
알려져 있지만, 놀라운 추리력 아닙니까. 위대한 지성이라 하지 않

을 수 없습니다.

지난번 개기월식 때 저도 우리 집에서 쌍안경과 반사망원경으로 월식을 감상했는데, 장관이었습니다. 아름다웠습니다. 장엄하더군요. 우주의 드라마였습니다. 저 광막한 3차원 우주 공간에서 태양과 달, 지구가 빙글빙글 돌다가 어느 한 직선에서 완벽히 일치하는 경우의 수가 두 가지 있는데, 바로 개기일식과 개기월식이지요. 태양과 지구 사이에 달이 들어가면 개기일식이 되고, 개기월식은 이 우주의 1차원 직선상에 태양, 지구, 달이 앞으로 나란히! 하여 지구의 그림자 속에 달이 옴팍 감싸이게 되는 것을 말합니다. 월식이 시작되자 먼저 흐릿한 지구 그늘이 달의 좌하 부분에 어룽거리기 시작하더니 시간이 지나자 드디어 어두운 지구 그림자가 달의 아랫도리를 먹어들기 시작하더군요. 아, 내가 사는 이 지구의 그림자가 무려 38만km라는 먼 우주 공간을 내달려 저렇게 달에 그늘을 지우는구나. 갑자기 광막한 우주 공간이 와락 실감으로 달려들고, '모든 만물은 이렇게 막막한 공간 속을 떠다니는 존재들이다'라는 감회가 더욱 절실해졌습니다. 어쩌면 무한이나 영겁이란 것도 자주 접하다 보면 그렇게 막막하지만은 않을지도 모르겠다는 느낌이 들기도 하더군요. 그러니 사람은 자주 우주를 사색하고 머리 위쪽을 올려다볼 일입니다.

월식을 지켜보면서 저도 이 천재를 생각하며 망원경으로 본 지구 그림자와 달의 가장자리 곡률을 비교해보았습니다. 과연 3, 4배 정도의 수치가 나올 듯했습니다. 하지만 맨눈으로, 그리고 오로지

추론만으로 그 정도 알아냈다는 것은 정말 놀라운 일입니다. 기원
전 사람이 말입니다.

이 천재는 여기서 멈추지 않고, 지구가 하루 한 바퀴 자전하면서
태양 주위를 공전한다고 주장했습니다. 무슨 근거로? 여기서 우리
는 그의 천재성을 다시 한 번 확인하게 되는데, 그는 달이 정확하게
반달이 될 때 태양과 달, 지구는 직각삼각형의 세 꼭짓점을 이룬다
는 사실을 추론하고, 이 직각삼각형의 한 예각을 알 수 있으면 삼각
법을 사용하여 세 변의 상대적 길이를 계산해낼 수 있다고 생각했
습니다.

그의 수학은 완전했지만, 각을 측정한 기구가 부실했던 모양입니
다. 그가 구한 달-지구-태양의 각은 3도(실제는 약 89.85도)였고, 이
에 따라 계산한 태양까지의 거리는 달까지 거리의 19배였습니다.
실제 값은 약 400배로 큰 오차를 보이긴 했지만, 당시의 조건을 고
려한다면 이것만으로도 대단한 업적이라 하지 않을 수 없지요.

그는 여기서 또 한 걸음 더 나아갔습니다. 달과 태양의 겉보기
크기가 희한하게 거의 똑같거든요. 이 점에 착안하여 세 천체의 상
대적 크기를 또 구했는데, 그는 이런 결론을 도출했습니다. '그 둘
의 실제 크기는 거리에 비례할 것이다, 태양이 달보다 약 20배 먼
거리에 있다면, 달보다 20배가 커야 하며, 달은 지구의 3분의 1이므
로 태양은 지구보다 약 7배 커야 한다.' 오늘날 참값은 109배로 많
은 차이가 나지만, 여기에서 본질적으로 중요한 문제가 하나 제기
됩니다.

'지구보다 7배나 큰 태양이 지구 둘레를 돈다는 것은 모순이다, 지구가 스스로 자전하며 태양 둘레를 돌 것이다'라는 결론을 내리게 된 것입니다. 이로써 인간의 감각에만 의존해왔던 오랜 천동설을 제치고, 인류 역사상 최초로 지동설이 탄생하게 된 것입니다.

이 천재가 바로 인류 최초로 지동설을 주창한 아리스타르코스(BC 310경~230)입니다. 그리스 사모스 섬 출신이죠. 사모스 섬은 소아시아(지금의 터키)에 바짝 붙어 있는 섬인데, 우리나라의 거제도 크기만한 작은 섬이지만, 유명 인사들이 많이 태어났죠. 아리스타르코스보다 3세기 전의 사람인 피타고라스와 이솝도 이 섬 출신입니다.

따지고 보면 지동설은 삼각형 하나에서 나왔다고도 할 수 있습니다. '삼각형에서 두 각을 알면 나머지 한 각은 저절로 결정되며, 세 변의 상대적 길이까지 알 수 있다.' 이 단순한 기하학적 원리 하

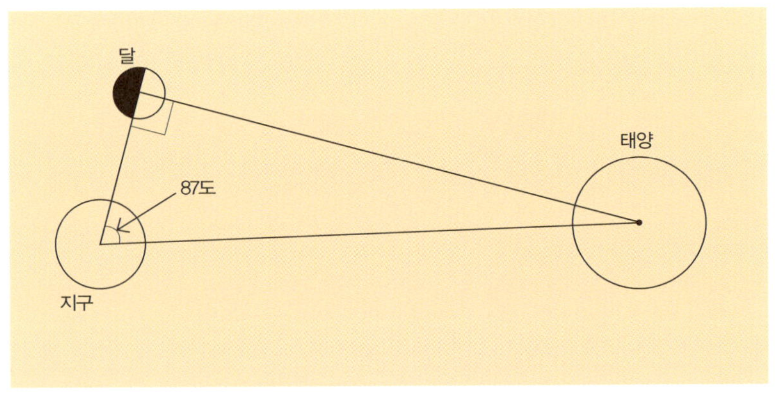

아리스타르코스의 직각삼각형

118

나가 우주 속에서 인류의 위치를 찾아가는 데 초석이 된 것입니다. 수학적 개념이 정확한 관측과 이것이 결합되었을 때 얼마나 큰 위력을 발휘하는가를 확인해주는 수많은 사례 중의 하나입니다.

"그래도 지구는 돈다"라고 말했다는 갈릴레이가 일찍이 이런 말을 했습니다.

"철학은 우주라는 드넓은 책에 씌어졌다. 그것은 수학의 언어로 씌어졌으며, 그것의 문자는 삼각형, 동그라미와 그밖의 기하학적 수치다."

어떻습니까? 수학과 기하학의 위대성을 좀 알 것 같지 않습니까? 행성운동의 3대 법칙을 발견한 케플러는 이렇게까지 말했습니다.

"신이 기하학을 만들었다. 아니, 기하학이 신이다."

"수학은 두 가지 큰 보물을 가지고 있다. 하나는 피타고라스 정리이고, 다른 하나는 황금비율[6]이다. 첫 번째를 금에 비유하고 두 번째를 보석이라고 이름 붙인다."

피타고라스 정리를 모르는 사람은 없겠지요. 직각삼각형에서 직각을 만드는 두 변 제곱의 합은 빗변 제곱과 같다. 식으로 나타내면 다음과 같지요.

$$a^2 + b^2 = c^2$$

수학에서 가장 위대한 정리는 이 피타고라스 정리라 합니다. 왜

일까요? 바로 사물 간의 거리를 알려주는 열쇠이기 때문입니다. 이 정리는 지금도 인류에게 막대한 이익과 편의를 주고 있습니다. 이 게 없으면 GPS, 네비게이션은 무용지물입니다. 이 정리가 들어가 야 모든 거리 계산에 답이 나옵니다.

저는 문과지만 고등학교 때 기하학을 좀 배웠습니다. 그런데 그 위대성을 미처 몰랐습니다. 삼각형과 원, 타원, 구, 이런 도형의 성 질을 통달한다면, 세계의 뼈대, 우주의 구조를 더욱 잘 이해할 수 있게 된다는 인식이 있었더라면 기하학 시간이 더 즐겁고 행복했을 텐데 말입니다. 그때 선생님이 이런 이야기를 좀 해주셨더라면 더 열심히, 더 재미있게 수학과 기하학을 공부했을 텐데 하는 아쉬움 을 느낍니다. 여러분은 아직 기회가 많으므로 그 기회를 놓치지 말 기 바랍니다.

말이 나온 김에 딱 한 가지만 더 얘기하기로 하죠.『신은 수학자 인가?』라는 책을 쓴 교수가 강의실 칠판에다 이 제목을 적으니까 앞에 앉은 한 학생이 한숨을 폭 쉬면서 이렇게 말하더랍니다. "에휴 ~ 아니었음 좋겠다." 여러분은 안 그러길 바랍니다.

수학을 모르다 보니 천문학 책을 읽어도 내용의 반도 못 건지겠 더군요. 그때 절실히 깨달았습니다. '수학과 과학이 세계를 보는 또 하나의 눈이구나. 나는 여지껏 외눈박이로 살아왔구나.' 그래서 늘 그막에 자습서로 수학 II를 독학으로 떼었습니다. 고생 좀 했지요. 뉴턴과 라이프니츠가 발견한 미적분을 두고 어떤 수학자는 '미적분 은 인류의 감동적인 두뇌 투쟁의 결정체'라고 말했는데, 늦게라도 공부하지 않았으면 미적분도 모른 채 살다가 갈 뻔했죠.

여러분은 이런 시행착오를 겪지 마시고, 수학, 과학 공부를 열심히, 그리고 재미있게 하길 바랍니다. 동기가 강하면 그 공부는 재미있어집니다. 세상을 두 눈으로 보고 살아야지, 외눈박이로 살아서야 되겠습니까? 그래서 요즘 융합과학이니 하는 거 아니겠습니까. 역사상 3대 수학자의 한 사람인 가우스는 "수학은 과학의 여왕이다"라고 말했습니다. 여러분은 이 예쁘고 유능한 여왕과 친해지도록 노력하십시오. 이 여왕과 친해지면 세상이 재미있어지지만, 안 친하면 인생이 고달파집니다. 저처럼요.

이렇게 삼각형이 찾아준 지동설 얘길 하다 보면 아리스타르코스를 다시 생각하지 않을 수 없습니다. 아리스타르코스가 우리에게 남겨준 위대한 유산은 이 우주 속에서 지구와 지구인을 올바르게 자리매김해준 것이라 할 수 있습니다.

당시 이러한 아리스타르코스의 주장은 큰 반발을 불러일으켰습니다. "지구가 태양 둘레를 돈다니, 이런 발칙한 말이 어디 있나!" 분노한 사람들은 그를 신을 모독한 죄, 곧 독신죄로 재판에 부쳐야 한다고 주장하기까지 했습니다. 당시의 우주론은 아낙시만드로스의 원통형 모델이었거든요. 정지해 있는 원통형의 지구 위에 별이 가득 찬 여러 겹의 천구들이 덧씌워져 있는 형태지요.

아리스토텔레스 역시 이 원통형 모델을 이어받아 천구의 수를 54개까지 늘였지요. 이 천구들은 수정으로 만들어져 있다고도 믿었죠. 천구가 지구를 둘러싸고 있다는 생각은 이후 2천 년간 우주론에 크나큰 영향을 미쳤습니다.

대체로 이러한 상황 속에서 '지동(地動)'을 발견해낸 아리스타르코스의 예지는 시대를 초월한 것이라 하겠습니다. 기원전 3세기에 행성의 배치를 확실하게 완성하여 그려냈던 겁니다. 하지만 그로부터 코페르니쿠스에 이르는 1800년 동안, 인류 중 누구도 행성의 정확한 배치를 알지 못했습니다. 2천 년도 더 전에, 이처럼 천재적인 추론으로 인류의 의식을 한 단계 업그레이드시킨 아리스타르코스에게 우리는 마땅히 경의를 표해야 합니다. 그래서 그의 이름은 달 구덩이 중 하나에 붙여졌는데, 그 중심 봉우리는 달에서 가장 밝은 부분입니다.

5

작대기 하나로
처음 지구 크기를 잰 사나이,
에라토스테네스

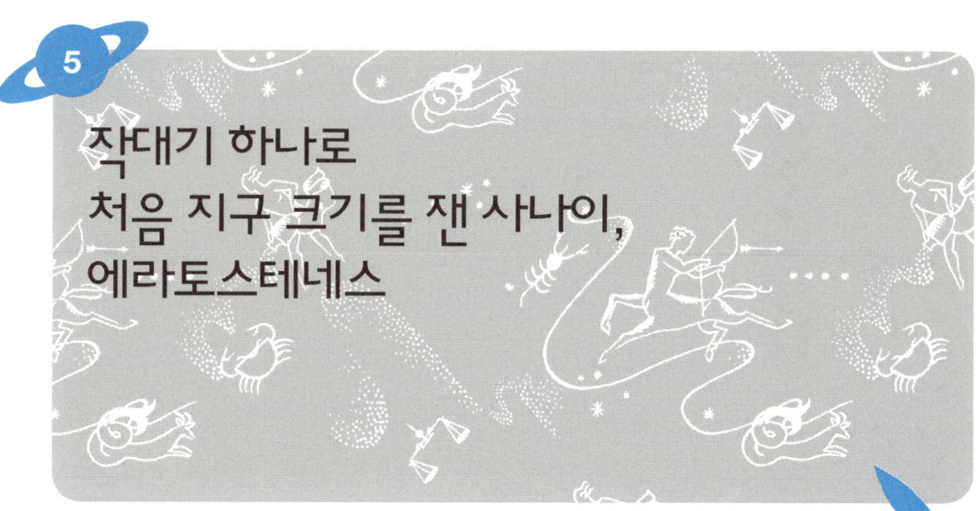

왜 세상에는 아무것도 없지 않고 무엇인가가 있는가?
−고트프리트 라이프니츠

아리스타르코스 다음에 나타난 걸출한 인물을 또 한 번 만나
보시죠. 정말 주목을 요하는 존재입니다. 그로부터 한 세
대, 그러니까 30년쯤 뒤의 사람인데, 이름은 에라토스테네스(BC
276~194)입니다. 이 사람은 르네상스의 레오나르도 다 빈치와 겨
룰 만한 다재다능한 인물로, 가히 전인이라 할 만합니다. 헬레니즘
시대에 활약한 그는 천문학자이자 수학자, 지리학자, 역사가이자,
철학자였습니다. 또 당시 알렉산드리아의 한 대형 도서관의 도서관
장이었으니, 말하자면 당대의 통섭(統攝)이자 석학이었던 셈이죠.

주위의 동료 학자들이 그의 별명을 베타(β)라고 붙였답니다. 세상에서 두 번째로 아는 것이 많다는 뜻이라네요. 알파는 플라톤이랍니다.

그는 터무니없이 간단한 방법으로 인류 최초로 지구 크기를 쟀는데, 참값에 비해 10% 오차밖에 나지 않았답니다. 그가 이용한 방법은 작대기 하나를 땅에다 꽂는 것이었습니다. 해의 그림자를 이용한 측정법이었죠. 구체적으로는, 이 역시 기하학을 이용한 건데, 어느 날 도서관에서 책을 뒤적거리다가 '남쪽의 시에네 지방(아스완)에서는 하짓날인 6월 21일 정오가 되면 깊은 우물 속 물에 해가 비치어 보인다'라는 문장을 읽었답니다. 이때 태양 고도가 90도라는 뜻이지요.

여기서 돌발 퀴즈 하나! 시에네 지방의 위도는 몇 도일까요? 앞의 북극성 대목에서 배운 대로 하면 됩니다. 네, 바로 23.5도입니다. 지구 자전축의 기울기이기도 합니다. 이 지점이 바로 북회귀선, 곧 하지선이 지나는 지역이지요. 여기서 천재의 발상법이 작렬합니다.

그는 실제로 6월 21일을 기다렸다가 막대기를 수직으로 세워보았지요. 물론 자기가 사는 알렉산드리아에서죠. 이 막대기는 일종의 해시계인 셈이죠. 여러분, 우리가 도는 방향을 말할 때 흔히 시계방향이니 반시계방향이니 하는 말을 쓰는데, 이 시계방향은 곧 해시계의 그림자가 움직이는 방향에서 나온 것입니다. 어쨌든 알렉산드리아에서는 정오에 막대의 그림자가 생기는 게 아니겠습니까. 그는 즉각 이것이 구면의 특징으로 나타나는 현상임을 간파했습니다. 곧, 이것은 지구 표면이 평평하지 않고 곡면이라는 뜻이죠. 그림자 각도를 재어보니 7.2도였고요. 햇빛은 워낙 먼 곳에서 오기 때문에 두 곳의 햇빛이 평행하다고 보고, 두 엇각은 서로 같다는 원리를 적용하면, 이는 곧 시에네와 알렉산드리아 사이의 거리가 7.2도의 원호라는 뜻이 됩니다.

그가 파피루스 위에다 지구를 나타내는 원 하나를 컴퍼스로 그리고 거기다 7.2도의 원호를 표시하는 순간, 엄청난 일이 일어났습니다. 이 원호의 실거리, 그러니까 세에네와 알렉산드리아의 거리만 안다면 지구의 둘레는 바로 나오는 셈이니까요.

에라토스테네스는 두 지점 사이가 얼마나 떨어져 있는지 그 거리를 측정해봤습니다. 당시 측정이라고 해봤자 네비게이션이 있

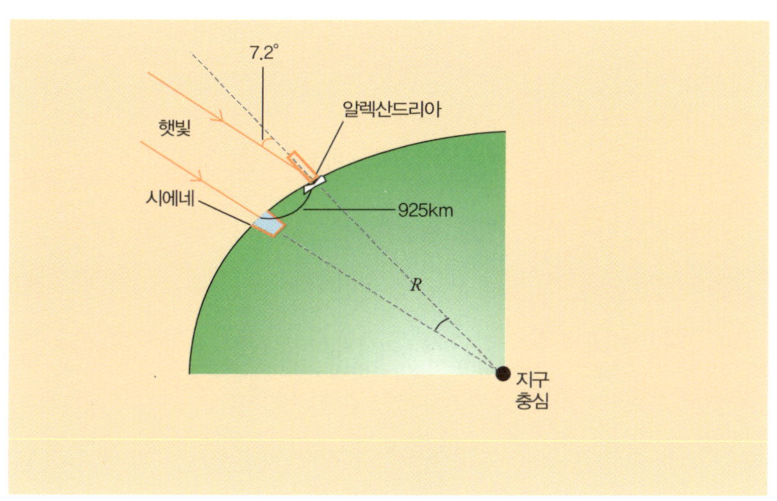

에라토스테네스의 가정
에라토스테네스는 지구의 크기를 측정할 때 지구는 완전한 구형이며
지구로 들어오는 태양 광선은 어느 곳에서나 평행하다고 가정하였다.

었던 것도 아니니까 사람의 두 다리를 빌려야 하는 것이었습니다. 걷는 거죠. 단, 자기가 직접 걷는 건 아니고, 걸음꾼을 사서 걸리는 겁니다. 옛날엔 우리나라에서도 걸음꾼을 사서 심부름시키곤 했지요. 보통 사람의 걸음 속도는 시속 4km 정도지만, 전문 걸음꾼은 시속 10km가 나온답니다. 이런 속도로 하루에 약 10시간쯤 걸으니까 1일 주파 거리가 100km 정도가 나오죠. 놀라운 속도죠? 서울-부산을 옛길로 걸으면 닷새 만에 주파한다는 얘기지요.

걷는 얘기가 나온 김에, 걷는다는 것이 철학과 깊이 관련 있다는 사실을 짚고 넘어가야겠습니다. 동서양을 막론하고 성지순례에 나선 사람들은 다 걸었습니다. 소년원에 수감 중인 청소년을 대상으로, 언어가 통하지 않는 다른 나라에서 3개월 동안 2천km를 걸으면 석방하는 교정 프로그램이 있습니다. 일반 소년범의 재범률은 85%이지만 이 걷기 프로그램을 거친 소년범의 재범률이 15%로 떨어졌다는 사례도 보고되고 있습니다. 물론 외국이지요. 우리나라에서도 시행해볼 가치가 충분하다고 봅니다. 걷기야말로 인간이 할 수 있는 가장 완전한 정신의 치유 활동이라는 증거가 아니겠습니까?

에라토스테네스의 걸음꾼도 건강한 정신의 소유자였던 것 같습니다. 그는 시에네까지 갔다가 돌아와서는 자기가 걸은 거리를 정확히 보고했습니다. 약 925km라는 값이 나왔습니다. 그 다음 계산은 간단하죠. 925×360/7.2 하면 약 46250이라는 수치가 나오고, 이는 실제 지구 둘레 40125km에 10% 정도의 오차밖에 안 나는 것이죠.

2300년 전 고대에, 막대기 하나와 각도기, 사람의 걸음으로 이처럼 정확한 지구의 크기를 알아낸 에라토스테네스야말로 위대한 지성이라 하지 않을 수 없을 겁니다.

에라토스테네스는 인류 역사상 최초로 한 행성의 크기를 정확하게 측정해낸 사람으로 이름을 길이 남겼습니다. 그의 이름은 수학사에도 나오죠. 바로 소수(素數)를 걸러내는 '에라토스테네스의 체'를 고안했지요. 또 황도경사각(지구축 기울기)을 정확히 측정하고, 윤년이 포함된 달력과 항성목록을 만들었습니다. 한편으론 천문학에서 영감을 받은 시와 희곡을 쓰기도 했다는군요.

여담이지만, 책도 많이 쓰시고 강연도 많이 하시는 법륜스님의 강의를 얼마 전에 들은 적이 있습니다. 스님의 말씀 중에 사람이 반드시 공부해야 하는 것으로 다섯 가지를 들었는데, 그 첫 번째가 우주였습니다. 정말 의외였습니다. 저는 '역시 큰스님이다'라는 느낌을 받았습니다. 또 우리나라의 유명한 사상가이자 종교가인 다석(多夕) 유영모 선생은 집에 망원경을 준비해두고 기회나는 대로 밤하늘을 관측했습니다. 이처럼 현자는 우주를 가까이하는 사람들입니다.

얘기가 좀 곁길로 샜지만, 에라토스테네스 역시 현자였습니다. 그는 82세까지 살았는데, 그 임종도 특이합니다. 만년에 실명을 하자 일절 곡기를 끊고는 스스로 생을 마감했다고 합니다. 정말 쿨하지 않습니까. 『조화로운 삶』을 쓴 스콧 니어링도 딱 100살 때 곡기 끊고 죽었다고 하지요. 그의 까마득한 선배가 바로 에라토스테네스였습니다. 삼가 경의를 표합니다.

6

고대 세계 최고의 천문학자, 히파르코스

신은 민감하나, 악의가 없다.
—아인슈타인

에라토스테네스 다음으로 약 1세기 만에 나타난 천재는 에게해 로도스 섬 출신의 히파르코스(BC 190~120)였습니다. 그가 천문학 분야에 남긴 업적은 정말 놀라웠는데, 고대 천문학이 이 사람에게 와서 완전히 개화했다고 말할 수 있는 정돕니다. 우선, 끄떡질이라고도 하는 지구 세차운동 발견, 최초의 항성목록 편찬, 별의 밝기 등급 창안, 삼각법에 의한 일식 예측 등 그야말로 눈부신 것들이죠. 최초로 오늘날과 같이 경도와 위도를 이용하여 위치를 나타내고, 또 최초로 별 목록을 만든 사람이기도 합니다.

히파르코스는 삼각함수의 창시자로 불리는데, 삼각함수표를 늘 몸에 지녔다고 하죠. 그는 삼각법을 이용해 지구 반지름이 6311km임을 알아냈습니다. 실제는 약 6400km로 큰 차이가 없지요.

히파르코스는 또 달까지의 거리를 구하기도 했는데, 그 방법은 에라토스테네스의 지구 크기 측정과 비슷한 것이었습니다. 즉, 두 개의 다른 위도상 지점에서 달의 고도를 관측했습니다. 그러면 시차(視差)[7]를 알 수 있습니다. 히파르코스는 그 시차를 이용해 달이 지구 지름의 30배가량 떨어져 있다는 것을 계산해냈습니다. 지구를 30개 늘어놓으면 달에까지 닿는다는 계산이지요. 오늘날 참값은 30.13배입니다. 놀랍지 않습니까? 이로써 그는 아리스타르코스가 구한 값(지구 지름의 9배)을 크게 수정한 근삿값을 얻은 셈이죠. 청출어람의 훌륭한 본보기라 할 수 있습니다.

여기서 달에 대해 잠시 살펴보고 지나가죠. 모든 천체 중 지구에 가장 가까운 천체, 지구의 유일한 위성이 바로 달이지요. 돌발 퀴즈! 달의 가장 큰 특징인데요, 지구에서는 달의 한 쪽 면만 보이는데 그 이유는? 바로 지구와 달이 서로 주고받는 조석력(潮汐力)[8] 때문이지요.

달이 지구 주위를 한 번 공전하는 데 걸리는 시간은 27.3일인데, 이는 달이 한 번 자전하는 시간과 같습니다. 따라서 지구에서는 항상 '계수나무 옥토끼'가 보이는 달의 한쪽 면만을 볼 수 있을 뿐이죠. 말하자면 지구와 달이 서로 두 팔을 부여잡고 빙빙 윤무를 추고 있는 꼴이죠. 하지만 지구가 달보다 80배나 더 무겁기 때문에 달은 지구의 조석보다 더 큰 영향을 받아 달의 양쪽이 당겨져 펴집니다. 이것이 달의 만조 부분입니다. 이것이 달의 자전 속도를 늦추고, 달이 지구에서 점점 더 멀어지게 해 이윽고 공전주기와 자전주기가 똑같아지기에 이른 거지요. 만조 부분이 지구와 일직선상에 놓이고, 하루가 한 달과 같아지자 달의 자전 속도도 더 이상 느려지지 않게 되었습니다.

그럼 달의 가장 장대한 미스터리, 달의 기원은 무엇일까요? 예부터 수많은 가설이 분분했습니다. 지구의 태평양 부분이 떨어져나가 달이 되었다는 분리설, 지구 옆통이로 지나가다 붙들렸다는 포획설, 화성 같은 큰 천체가 살짝 부딪치는 사품에 떨어져나간 가루들이 뭉쳐 되었다는 충돌설, 태양계가 만들어질 때 같이 생겨났다는 동시탄생설 등등이지요. 그런데 요즘에 와서는 충돌설이 거의 정설로 자리를 잡아가고 있는 듯합니다. 태양계 역사의 초기, 즉 지구가 최초로 형성될 때인 45억 년 전, 현재 화성 질량의 2배 정도 되는 어떤 불량한 천체가 갓 태어난 지구를 사정없이 들이받았다는군요. 무지막지한 충돌이었죠. 이 정도면 들이받은 거나 들이받힌 거나 모조리 곤죽이 되고 맙니다. 뜨거운 곤죽과 잡동사니들이 엄청난 속도로 우주 공간으로 뿜어졌습니다. 이것들이 지구 궤도를 따라 1억 년쯤 돌다가 서서히 식으면서 뭉쳐져 달이 되었다는 것이죠.

달의 구성물질이 화학적으로 지구와 아주 빼닮은 것은 한 솥에서 튕겨져나간 까닭입니다. 가마솥에서 닭백숙을 삶다가 내용물이 튕겨져나간 경우나 마찬가지죠. 솥 안에 있는 내용물이나 튕겨져나간 것이나 성분이 뭐가 다르겠습니까. 건더기가 덜 튕겨져나간 것 빼고 말입니다. 달의 비중이 지구보다 가벼운 것은 그 이유 때문입니다. 이 충돌설은 컴퓨터 시뮬레이션을 통해 타당성도 입증되었다고 합니다. 하지만 누가 확실한 진상을 알겠습니까, 45억 년 전의 일을!

이 달의 45억 년 역사를 여러분이 직접 눈으로 볼 수도 있습니다. NASA가 달 정찰위성(LRO)의 1천 번째 작동일을 기념해 달의 형성과정을 보여주는 동영상 '달의 진화(Evolution of the Moon)'를 발표했거든요. 유튜브에서 찾아보기 바랍니다. 재미있습니다.

그런데 히파르코스는 자기의 스승격인 아리스타르코스의 태양중심설에는 한결같이 반대했습니다. 그는 지구 중심인 아리스토텔레스의 우주 모형을 받아들여, 천구의 수를 7개(해·달·수성·금성·화성·목성·토성)로 줄이고, 거기에 주전원(周轉圓)이라 불리는 작은 원을 덧붙였습니다. 이 주전원은 이심원(離心圓)이라는 큰 원궤도를 따라 지구를 공전하는데, 이는 행성의 역행운동을 설명하기 위한 장치였습니다. 어쨌든 이로써 태양, 달, 행성의 운동에서 관측되는 대부분의 불규칙성을 잘 설명할 수 있게 되었습니다.

여기서 알 수 있듯이 역시 대세는 천동설이었지요. 대체로 이런 상황이었기 때문에 아리스타르코스의 태양중심설은 당시 사회에서는 발붙일 데가 없었던 것입니다. 그리고 히파르코스의 지구중심 우주론은 약 300년 뒤에 등장한 프톨레마이오스에 의해 집대성되어 이후 1400년 동안 서구인의 정신세계를 지배하게 되었지요.

달이 지구를 떠나고 있다!

-10억 년 후엔 이별?

달은 오랫동안 인간에게 큰 벗이었다. 달이 없었으면 인류도 없었을지도 모른다. 모든 생명의 진화와 생체 리듬에까지 달은 깊은 영향을 미친다. 그만큼 달과 인류는 떼려야 뗄 수 없는 관계인 것이다. 1년이 12달로 된 것도 달 때문이요, 바다의 썰물과 밀물도 달의 인력으로 빚어지는 현상이다. 뿐더러 수많은 시인들의 시심을 북돋우어, 달을 노래한 고금의 시만도 일곱 수레는 좋이 될 것이다.

우리 시인의 작품 중에서는 조선조의 명신 한음 이덕형(1561~1613)의 시조가 사뭇 인상적이다.

> 달이 두렷하여 벽공에 걸렸으니
>
> 만고 풍상에 떨어짐즉 하다마는
>
> 지금히 취객을 위하여 장조금준(長照金樽)[*] 하노매

* 오래 술독을 비춤.

‘만유인력’이란 개념도 없던 시대에 달을 보고 “만고 풍상에 떨어짐즉 하다마는”이라고 읊은 시인은 동서고금을 통해 아마 한음밖에 없을 것이다. 이덕형은 갈릴레이보다 세 살 많은 동시대인이었다.

달의 나이는 얼추 지구와 비슷한 45억 년이다. 말하자면 지구의 동생뻘이라 하겠다. 이 동생의 진면목을 한번 알아보자면 먼저, 그 크기는 지구의 4분의 1로, 모행성 대비로 볼 때 태양계 위성 중에서 가장 크다. 위성이라기보다 거의 동반별 수준이다. 그러나 무게는 약 80분의 1, 중력은 6분의 1이다. 지구에서 60kg인 사람이 달에 가면 10kg밖에 안 된다는 얘기다.

지구에서의 거리는 약 38만km. 지구의 지름이 약 1만 3천km이니까, 지구를 30개 늘어놓으면 얼추 달에까지 닿는다는 계산이 나온다. 생각보다 그리 멀지 않은 셈이다. 이 거리는 지구와 태양까지 거리의 400분의 1이고, 또 달이 태양 크기의 400분의 1이라, 겉보기 크기는 태양과 달이 꼭 같다. 정말 희한한 우연의 일치가 아닐 수 없다. 이 일치 때문에 우리 인류는 달과 해가 딱 포개지는 개기일식을 볼 수 있는 행운을 누리게 된 것이다.

달에 인류가 처음으로 발자국을 찍은 것은 1969년 7월 20일, 아폴로 11호의 닐 암스트롱이 그 주인공이다. 달을 밟은 그가 “이는 한 인간에게는 일보에 불과하지만 인류에게는 거대한 도약이다”라는 유명한 말을 날린 것도 바로 이때다.

그런데 우리가 잘 모르는, 달에 관한 놀라운 사실이 하나 있다.

달과 지구 사이 거리가 38만km란 얘기는 앞에서 했다. 그런데 이 거리가 해마다 3.8cm씩 벌어져가고 있다는 사실이다. 아니, 벼룩꽁지만 한 길이를 어떻게 쟀냐고? 달 탐사선이 달에다 설치해놓은 레이저 반사거울이 그 답이다. 모두 5개의 반사거울을 달 표면에다 세워뒀는데, 여기로 지구에서 쏘는 레이저빔이 갔다가 되돌아오는 시간이 약 2.5초다.

그 동안 정밀 측정한 결과 매년 3.8cm씩 달이 멀어져가고 있는 것으로 나타났다. 이유는 달이 만드는 지구의 밀물과 썰물 때문이다. 풀이하자면, 만조가 될 때 이 만조의 꼭짓점은 지구 자전의 영향으로 지구와 달의 중력 일직선상에서 약간 앞쪽에 형성되는데, 이 부분의 중력이 달의 공전에 힘을 실어주게 된다. 원운동하는 물체를 앞으로 밀면 그 물체는 더 높은 궤도, 더 큰 원을 그리게 된다. 달이 지구로부터 조금씩 멀어지는 것은 바로 달이 만들고 있는 만조 때문인 것이다.

이 3.8cm의 뜻은 심오하다. 티끌 모아 태산이라고, 이것이 차곡차곡 쌓이다 보면 10억 년 후에는 3만 8천km가 되고(이 정도로도 달이 떨어져나갈지 모른다), 100억 년 후에는 지금 달까지 거리인 38만km가 된다. 달이 지구에서 2배나 멀어지게 되는 셈이다. 그러면 어떻게 되는가?

확실한 것은 언제가 되든 달이 결국은 지구와 이별할 거란 사실이다. 그후 태양 쪽으로 날아가 태양에 부딪쳐 장렬한 최후를 맞을 것인지, 아니면 외부행성 쪽으로 날아가 광대한 우주 바깥을 헤맬 것인지, 그 행로야 알 수 없지만. 문제는 45억 년이란 장구한 세월 동안 지구와 같이 껴안고 돌던 달도 언제까지나 그렇게 있을 존재는 아니라는 얘기다.

오늘밤이라도 바깥에 나가 하늘의 달을 올려다보라. 우리 지구의 동생인 저 달도 언젠가는 형과 작별을 고할 것이다. 회자정리다. 그런 생각으로 달을 바라보면 더 유정하고 더 아름답게 느껴질 것이다. 달이 떠난 후에도 지구에 생명이 살 수 있을까? 고작 몇십 년 사는 수유(須臾) 인생이 몇십억, 몇백억 년 후의 일을 걱정한다는 것이 퍽이나 오지랖 넓은 노릇이지만…….

7

천동설을 완성한 천문학자, 프톨레마이오스

나는 죽고 말 목숨이다. 그렇다. 하루살이 인생이다.
그러나 별들이 총총히 빛나는 밤하늘을 바라볼 때마다 나는 더 이상 땅을 딛고 서 있는 게 아니다.
나는 창조주를 만나는 것이다. 그리고 나의 영혼은 불멸을 마시는 것이다.
―프톨레마이오스

이제 고대 세계의 마지막 천문학 영웅을 만날 차례입니다. 그는 히파르코스의 진정한 제자로 히파르코스로부터 약 200년 뒤 이집트의 테바이드에서 태어난 사람입니다. 영어권에서는 톨레미라 불리는 프톨레마이오스(AD 83경~168경)가 바로 그 주인공입니다.

그가 쓴 『알마게스트』는 고대 천문학 지식을 아우르고 넓힌 것으로, 그 이론의 치밀함과 수학적 우아함으로 1400년 동안 최고의 천문학서로 군림했습니다. 원래 제목은 '수학 대계'였던 것을 후대 학자들이 다른 천문서와 구별하기 위해 '가장 위대한 책'이라는 뜻인 '알마게스트'로 이름 붙인 것만 봐도 이 책의 위대함을 능히 짐작할 수 있죠.

그런데 위대함은 책만이 아니었습니다. 이 책을 쓴 프톨레마이오스라는 인물 자체도 위대했습니다. 그는 자기 책에서 선배인 히파르코스를 자주 언급하고 높이 평가했어요. 두 사람의 연구업적이 거의 300년 정도의 차이를 두고 이루어진 것임에도 불구하고, 프톨레마이오스는 뛰어난 동시대 사람을 대하듯이 그에 대해 이야기했습니다. 이 때문에 둘 중 누구에게 연구업적이 돌아가야 하는지 구별하기 어려운 경우도 있다는군요. 물론 히파르코스를 언급할 때 그의 태도에는 존경심이 넘쳐날 정도였다고 하네요.

원래 학자들의 업적 다툼은 치열하거든요. 미적분 발견을 놓고 뉴턴과 라이프니츠가 머리 터지게 싸운 것은 과학사에서 빙산의 일각에 지나지 않지요. 자신의 학문적 스승인 히파르코스와 업적을 놓고 따지거나 다투지 않는 프톨레마이오스의 대범함을 보면 그는 확실히 대인배였습니다.

프톨레마이오스는 알렉산드리아에 있는 뮤제이온에서 천문학, 점성술, 광학, 지리학 등을 연구했다는데, 뮤제이온은 오늘날 박물관의 원형으로 일종의 왕립 연구소이자 도서관이었죠. 바로 4세기 전 에라토스테네스가 관장을 맡았던 곳입니다.

프톨레마이오스의 업적을 대충 꼽아본다면, 해, 달, 행성의 위치 계산법, 일식, 월식 예측법 개발 등 여러 가지가 있지만, 그의 최대

업적은 프톨레마이오스 체계로 알려진 천동설을 확립한 것입니다.

그는 지구가 우주의 중심에 있으며 움직일 수 없다는 것을 증명하기 위해 다음과 같이 많은 논증을 했습니다. "만약 지구가 몇몇 철학자들이 주장하는 것처럼 움직이고 있다면 그 결과로 특별한 현상이 관측되어야 한다. 모든 물체가 우주의 중심으로 떨어지기 때문에 지구는 우주의 중심에 고정되어 있어야 하고, 그렇지 않다면 낙하하는 물체가 지구의 중심을 향해 떨어지는 것을 볼 수 없을 것이다. 또한 지구가 24시간에 한 번씩 자전한다면, 수직으로 위를 향해 던진 물체는 같은 지점에 떨어지지 않아야 하지만 실제로는 그 반대다."

그는 이 이론에 반대되는 어떤 것도 관측되지 않았다는 것을 증명했지요. 그 결과 천동설은 15세기까지 서구 기독교 사회에서 거의 독보적인 것이 되었습니다. 프톨레마이오스가 제기한 문제들에 대한 완벽한 반론은 1500년 후 갈릴레이에 의해 이루어졌습니다. 바로 갈릴레이의 상대성 이론입니다.

프톨레마이오스의 우주론을 요약하면 다음과 같습니다. '지구가 우주 중심에 있고, 태양계의 천체들은 달·수성·금성·태양·화성·목성·토성의 순서로 있다.' 그는 천동설에 바탕을 두고 행성의 움직임을 원운동으로 설명하기 위해 '주전원', '이심원' 등과 같은 복잡한 수학적 도구들을 도입했습니다. 이러한 도구들은 행성들이 실제로는 타원 궤도를 따라 운행한다는 사실을 모르고 있던 헬레니즘 시대 과학자들이 행성의 움직임을 이상적인 원운동으로 설명하기 위해 고안한 것들이죠.

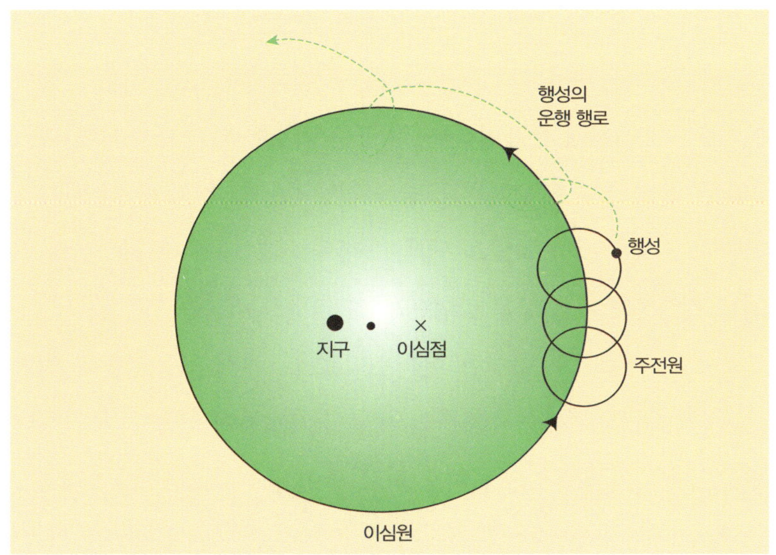

주전원과 이심원

[그림]에서처럼 행성들은 각각 일정한 크기의 원(주전원이라 함)을 따라 일정한 속도로 돌고 이것의 중심은 이심원이라는 원궤도를 따라 일정하게 돌게 하였다. 그러면 실제 행성들의 운동은 [그림]에서 점선으로 나타난다. 지구는 이심원의 중심에서 조금 떨어진 곳에 두었다. 지구에서 바라본 행성들의 운동이 천구상에서 일정하지 않기 때문이다.

오늘날의 눈으로 보면 프톨레마이오스가 틀렸다고 간단히 말하기 쉽지만, 프톨레마이오스의 천문학은 지동설과 타원궤도를 몰랐던 헬레니즘 천문학의 기준에 따라 평가해야 합니다. 그렇게 본다면, 『알마게스트』는 원운동을 이용하여 행성의 움직임을 수학적으로 정확하게 예측하는 매우 훌륭한 책이었습니다. 실제로도 이 책에 따라 행성의 운동을 계산한 결과는 매우 정확했지요. 이 때문에 그후 1400년 동안 프톨레마이오스는 최고의 천문학자로 존경받았고, 그의 이름은 불멸이 되었습니다.

영국의 런던 수학회 사람들이 즐겨 부르는 '천문학자의 술타령 (Astronomer's Drinking Song)'이라는 노래에까지 그의 이름이 남아 있지요. "오래전에 톨레미 선생/지구는 멈추어 있다고 생각했네/그 양반은 실수할 줄도 모른다네/술을 진탕 마시고 취할 줄 알았다면/지구가 돈다는 것을 알았을 텐데/그래서 선생, 내가 말하는 건데/진리를 발견하는 가장 좋은 방법은/매일 술병을 비우는 거라네."

최초로 지동설을 주창한 아리스타르코스에서 천동설을 확립한 프톨레마이오스까지는 400년의 세월이 가로놓여 있습니다. 그렇다면 그 동안 지동설은 영원히 지하로 들어가고 말았을까요? 그렇지는 않습니다. 지동설은 끊어지지 않고 지식인 사회에서 토론의 맥을 이어왔습니다. 그리고 그로부터 한 세대쯤 뒤에 또 한 사람이 아리스타르코스의 태양중심설 우주체계가 지닌 의미에 대해 언급했습니다. 그가 다름 아닌 천동설의 우두머리 프톨레마이오스였습니다. 그는 이렇게 서슴없이 고백했던 거죠. "별들의 세계에서 일어나는 현상들을 관찰해보면, 태양이 행성들의 중앙에 있다고 해도 방해되지는 않을 것이다." 과연 폭이 남다른 것 같습니다.

어쨌든 프톨레마이오스의 천동설에 맞설 만한 우주론이 없었던 당시, 천동설은 그 시대의 대세가 되었습니다. 그리고 그 위력은 무려 1천 년 이상 이어져 15세기까지 서구에서 신성불가침의 우주론이 되었던 겁니다. 기독교가 이 천동설을 잘 받아들인 데 대해, 스티븐 호킹은 이렇게 논평하더군요. "항성천구 바깥으로 천당과 지옥을 배치할 충분한 공간이 있었기 때문이다."

유럽에서는 중세 암흑기를 지나는 동안 과학 발전이 제자리걸음을 면치 못하다가 15세기에 이르러서야 천문학 수준이 프톨레마이오스 시대에 이르렀습니다. 그리고 그 기초 위에서 코페르니쿠스의 지동설이 탄생한 것이죠. 과학이란 이렇게 전대의 업적을 딛고서 한 걸음씩 진보해가는 것입니다. 이렇게 기억해두면 잊어버리지 않겠네요. '아-에-히-프.' 아리스타르코스-에라토스테네스-히파르코스-프톨레마이오스. 위대한 천재 선각자들입니다.

자신의 업적을 놓고 데데하게 자기 것을 챙기지 않았던 대인배 천문학자 프톨레마이오스는 자신의 인생관을 다음과 같은 말로 표현했는데, 2천 년이 지난 지금 들어보아도 참으로 감동적인 내용입니다.

"나는 죽고 말 목숨이다. 그렇다. 하루살이 인생이다. 그러나 별들이 총총히 빛나는 밤하늘을 바라볼 때마다 나는 더 이상 땅을 딛고 서 있는 게 아니다. 나는 창조주를 만나는 것이다. 그리고 나의 영혼은 불멸을 마시는 것이다."

프톨레마이오스는 천문학이란 날개를 달고 승천한 천문학자였습니다.

8

인간은
우주의 중심이 아니다,
코페르니쿠스

모든 발견과 견해 중에서 코페르니쿠스의 지동설만큼
인간 정신에 큰 영향을 끼친 것은 다시 없을 것이다.
– 괴테

우주론의 역사는 알다시피 우주 속에서 인간이 차지하는 위치에 관한 역사이기도 합니다. 기원전 3세기에 걸출한 천재인 아리스타르코스라는 사람이 나타나서 우주 속에서의 인간의 위치를 정확히 말하고 최초로 행성들의 배치를 정확하게 그려냈습니다. 그럼에도 불구하고, 그후 1800년 동안 인류 중 누구도 이 사실을 제대로 받아들이지 않았습니다.

여전히 지구는 우주의 중심에 있으며, 인간은 우주의 중심적인 존재로 군림해왔습니다. 대단히 자기중심적이고 오만한 우주관을 품고 살아왔다고 할 수 있겠지요. 인간만이 신의 은총을 받은 존재인 양 행세하며, 이단 박멸, 이교도 말살 같은 깃발을 올리고 십자군 전쟁도 여러 차례 일으켰지요. 신구교 간에 일으킨 저 잔혹한 종교전쟁을 보십시오.

이런 잘못된 우주관을 뒤엎은 사람이 16세기에 나타났습니다. 무려 1800년 만입니다. 게다가 그는 교회의 신부였습니다. 지동설을 들고 나온 니콜라우스 코페르니쿠스. '코페르니쿠스적 전환'이라는 말도 바로 이 사람에게서 비롯된 것이지요.

그런데 어째서 대명천지에 1800년이나 지나서야 지동설이 다시 나온 걸까요? 인류 지성이란 것이 무색해지는 장면이라 하지 않을 수 없습니다. 그것은 그 뒤에서 무소불위의 절대권력 교회가 버티고 있었기 때문입니다. 맹신은 사람을 집단 저능화합니다. 이 분야에서 집단 저능화 현상이 나타나 오랫동안 지속되었다고 볼 수밖에 없을 것 같습니다. 아무리 천재나 영웅호걸이라 하더라도 시대의 대세를 거스르기란 쉽지 않은 일이지요.

그런 면에서 지동설을 세상에 내민 코페르니쿠스는 영웅이었습니다. 하지만 그는 무척 조심성 많은 영웅이었습니다. 그는 자신의 태양중심 우주론을 담은 첫 저서, 『소론』을 완성하고도 출판하지 않았습니다. 요즘 말로 하자면, 획기적 학설을 담은 베스트셀러를 쓰고도 세상에 내놓지 않았다는 거죠. 몇몇 필사본이 돌아다니는 정도였다고 합니다.

어쨌든 신에게 특별히 은총받은 인간의 지구가 우주 중앙에 딱 버티고 있는 것이 아니라, 저 불덩어리 태양 둘레를 돌고 있는 일개 행성에 지나지 않는다는 혁명적인 주장을 담은 코페르니쿠스의 책은 입소문을 타고 삽시에 번져나갔습니다. 지식인 사회에서는 큰 화제가 되고 열띤 토론거리가 되었던 모양입니다. 그래도 코페르니쿠스는 그런 자리에 일절 나가지 않았다고 하네요. 한마디로 몸조심한 거죠.

이러한 코페르니쿠스의 지동설에 대해 비판과 반발이 나온 것은 당연한 일이겠죠. 그 비판의 선두에 섰던 사람이 종교개혁가 마틴 루터(1483~1546)[9]였습니다. 그는 이렇게 말했습니다. "코페르니쿠스란 새로운 점성술사가 나타나 이 지구가 태양 둘레를 돈다는 황당한 주장을 하고 있다. 나는 그의 말을 믿지 않는다. 왜냐하면 여호수아가 지구가 아닌 태양을 보고 머물라고 말했기 때문이다."

아니, 여호수아가 어찌 그런 말을? 성서를 잘 아는 사람들은 그 성구를 기억할 겁니다. 여호수아 10장 12~13절을 펴주세요. 제가 읽겠습니다.

"여호와께서 아모리 사람들을 이스라엘 자손에게 붙이시던 날에 여호수아가 여호와에게 고하되, 이스라엘 목전에서 가로되, 태양아 너는 기브온 위에 머무르라, 달아 너도 아얄론 골짜기에 그리할지어다 하매, 태양이 머물고 달이 그치기를 백성이 그 대적에게 원수를 갚도록 하였느니라. 야살의 책에 기록되기를 태양이 중천에 머물러서 거의 종일토록 속히 내려가지 아니하였다 하지 않았느냐.”

이 성구만큼 당시 지식인들의 정신을 옥죈 구절도 없을 겁니다. 두고두고 문제가 되어 엄청난 고통을 강요했던 거지요. 아직도 과학보다 이 성구를 문자 그대로 믿는 사람이 적지 않을 거라고 봅니다.

한 시대의 지식인이자 지성인이었던 종교개혁가 루터도 이 성구를 맹신한 나머지 후세의 웃음거리가 되고 말았습니다. 마음이 열려 있지 않은 자, 비판 정신이 결여된 사람은 언제 이런 낭패를 볼지 모릅니다. ‘내가 지금 믿고 있는 것이 틀린 것일 수도 있다.’ 사람은 늘 그렇게 열린 마음으로 사는 게 참으로 중요한 것 같습니다.

어쨌든 코페르니쿠스의 지동설을 담은 책이 정식으로 출판된 것은 그가 70세의 나이로 눈을 감기 바로 직전이었습니다. 『소론』이 나온 후 30년이나 지난 뒤였지요. 코페르니쿠스가 인쇄된 『천구의 회전에 관하여』란 책을 받아본 것은 바로 임종 때였다고 합니다. 뇌졸중으로 의식을 잃었는데, 책을 쥐어주자 잠깐 눈을 떴다가 영원히 우주로 떠났다고 합니다. 마지막 떠나는 길에 필생의 업적이 담긴 우주의 책을 가슴에 품고 간 코페르니쿠스는 그래도 행복한 사람이라고 할 수 있겠네요.

이 대목에서 우리 시인 한 사람이 생각나네요. 박정만(1946~88)[10]이라는 시인인데, 죽을 때 마지막 시를 적었지요. 그런 시를 절명시라고 하는데, 딱 두 줄짜리 시입니다.

10_전북 정읍 출신. 한국의 전통적 서정시를 주로 썼으나, 제5공화국 때 필화사건으로 체포되어 모진 고문을 당한 끝에 그 후유증으로 숨졌다. 죽기 전까지 짧은 기간 동안 수백 편의 시를 썼다. 1989년 현대문학상, 1991년 정지용문학상을 받았다.

나는 사라진다

저 광활한 우주 속으로. (「종시終詩」 전문)

코페르니쿠스가 마지막으로 품고 간 책 『천구의 회전에 관하여』
에는 다음과 같은 코페르니쿠스의 유명한 문장이 있습니다.

"만물의 중심에는 태양이 있다. 전체를 동시에 밝혀주는 휘황찬
란한 신전이 자리잡기에 그보다 더 좋은 자리가 또 어디 있단 말인
가. 어떤 이는 그것을 빛이라 불렀고, 또 어떤 이는 영혼이라 불렀
고, 다른 이는 세상의 길라잡이라 불렀으니, 그 얼마나 적절한 표현
인가. 태양은 왕좌에서 자기 주위를 선회하는 별들의 무리를 굽어
본다."

코페르니쿠스의 지동설은 그러나 일반에게는 그다지 받아들여
지지 않았습니다. 무엇보다 이 거대한 크기와 질량을 가진 지구가
태양을 중심으로 우주 공간을 돈다는 것이 경험적으로 수용되기 어
려웠던 탓이죠. 게다가 그의 모형에서는 위와 아래를 판정할 기준
점이 없었습니다. 이는 곧 무거운 물체가 왜 지구 중심점으로 떨어
지는가를 설명할 수 없다는 얘기죠. 베이컨 같은 경험론 철학자도
이러한 이유로 지동설을 받아들이지 않았고, 1636년에 설립된 하
버드 대학에서도 수십 년간 천동설을 가르쳤을 정도였지요.

코페르니쿠스의 주장을 간추리면 다음과 같습니다. '각각의 천체
들은 제각기 고유한 무게를 갖고 있으며, 이 무거운 천체들은 자체
의 중심으로 향하는 속성을 지니고 있다.' 이 생각이 궁극적으로는

만유인력에 이르게 되지만, 당시의 코페르니쿠스는 이러한 문제에 답할 만한 '물리학'을 갖고 있지 못했습니다. 그 답은 뉴턴이 출현하기까지 200년 이상을 기다리지 않으면 안 되었습니다.

'지구가 우주의 중심이고, 인간은 그 위에 사는 존엄한 존재이며, 달 위의 천상계는 영원한 신의 영역'이라는 중세의 우주관을 폐기시키는 결과를 가져왔던 코페르니쿠스. 괴테(1749~1832)[11]의 다음과 같은 말은 그에 대한 가장 감동적인 찬사일 것입니다.

모든 발견과 견해 중에서 코페르니쿠스의 지동설만큼 인간 정신에 큰 영향력을 끼친 것은 다시 없을 것이다. 우주의 중심에 위치한다는 엄청난 특권의 포기를 요구받기 이전까지, 지구는 둥글고 그 자체로서 완결된 것이라는 사실이 거의 알려지지 않았다. 인류에게 이보다 더 큰 변혁을 가져온 것은 결코 없었다. 왜냐하면 이 사실을 인정함으로써 그토록 많은 것들이 연기처럼 허공 속으로 사라져버렸기 때문이다. 순수와 경건, 시의 세계인 에덴은 어디로 가버렸는가! 감각의 증언은? 신앙고백은? 그의 동시대인들이 이 모든 것을 사라지게 하고 싶지 않았고, 새로운 사상의 위대함과 자유로운 관점을 요구하는 학설에 대해 끝까지 저항하고, 심지어 그런 일은 꿈조차 꾸려 하지 않았다는 것은 놀랄 일이 아니다.

근대과학은 코페르니쿠스가 우주의 중심에서 지구를 치워버린

해인 1543년에 시작되었다고 할 수 있습니다. 이후 인간은 어떤 의미에서도 우주의 중심이 아니라는 사고가 하나의 원리로서 확립되었습니다. 이미 오래전 노자(老子)[12]가 한 말처럼 천지불인(天地不仁), 자연은 인간에 연연해하지 않는다는 거지요. 저는 가끔 오늘이라도 이 티끌 같은 지구가 어떤 변고로 하루아침에 우주에서 사라져버린다면 우주는 어떨까 생각해보곤 합니다. 유감스럽지만, 우주는 그 전과 조금도 달라지지 않을 거라는 생각이 듭니다. 천지불인이지요.

노자 얘기가 나온 김에 좀 더 하자면, 러시아의 문호 톨스토이는 동양의 사상가 가운데 노자로부터 가장 큰 영향을 받았다고 토로하면서 『노자』를 러시아어로 번역까지 했다고 합니다. 노자는 다음과 같은 촌철살인의 말을 남기기도 했습니다. 특히 이 시대에 새겨들을 만한 경구입니다.

"진실에 눈을 돌리는 법이 없고, 오로지 쉴틈 없이 이익만을 엿보는 자, 이를 바로 천벌을 받은 사람이라 한다."

정말 무서운 말이지요? 둘러보세요. 주위에 이런 사람 많이 보게 됩니다. 이런 속물들이 어떤 단체나 조직, 나라를 다스리겠다고 나서면 그 공동체는 불행해집니다.

갈릴레오가 코페르니쿠스를 가리켜 지동설의 부활자로 일컬었듯이, 코페르니쿠스가 지동설의 최초 주창자는 아닙니다. 그러나 그의 지동설은 중세의 암흑시대를 벗어나 근대과학의 출발을 알리는 신호탄이 되었고, 인류 역사상 가장 중요한 전환을 가져왔던 것입니다.

1807년 나폴레옹이 정복군을 이끌고 폴란드를 침공했을 때, 코페르니쿠스 생가를 방문했는데, 위대한 과학자를 기념하는 동상 하나 세워져 있지 않은 걸 보고는 깜짝 놀랐다고 합니다. 동상은커녕 그의 무덤조차 찾을 수 없었다고 하네요.

그런데 지난 2005년, 코페르니쿠스 유해가 사후 5세기 만에 발견됐다는 보도가 있었습니다. 그가 재직한 폴란드의 프롬보르크 대성당 지하묘지에서 발견됐는데, 코페르니쿠스가 사용한 책에서 나온 두 올의 머리카락 DNA 검사를 통해 유해임이 확인됐지요. 아무 묘비도 없이 무명으로 묻혔다가, 5세기 만에 발굴되어 최고의 예우를 갖춰 '영웅'으로 재안장됐습니다. 새로 세워진 검은 화강암의 묘비에는 지동설을 표시하는 태양계 도형을 새겨넣었다고 합니다. 역시 조심성 많은 영웅의 부활답지 않습니까?

지동설이 마침내 인류 앞에 밝혀지다, 갈릴레이

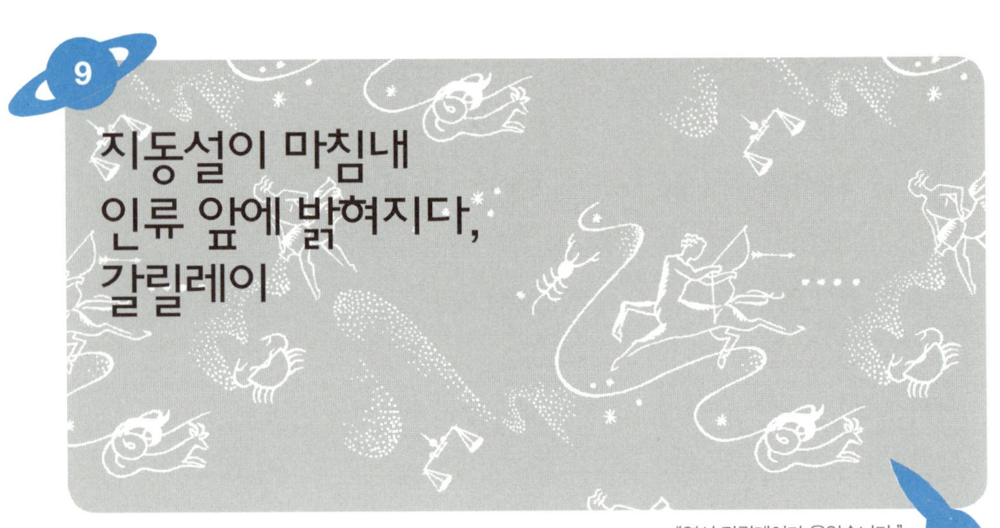

"역시 갈릴레이가 옳았습니다."
—데이비드 스코트(아폴로 11호 우주인. 1971년 달에서 망치와
독수리 깃털을 동시에 떨어뜨린 후에 한 말)

코페르니쿠스의 지동설이 담긴 『천구의 회전에 관하여』가 출간되었을 당시에는 사실 별다른 반응을 불러일으키진 못했습니다. 교회의 탄압이 두려운 나머지 이것은 단지 하나의 가설일 뿐이라는 말을 서문에 써놓은 탓인지, 책이 출간된 지 70년이 지나도록 바티칸 교회의 금서목록에도 오르질 않았습니다. 안전장치가 먹혀들었다고 해야 하나요.

과학사가들은 이렇게 말합니다.

"100년 뒤 갈릴레이와 케플러가 나타나지 않았다면 코페르니쿠스의 지동설은 잊히고 말았을 것이다."

그럼 갈릴레이가 한 역할은 정확히 무엇일까요? 코페르니쿠스의 지동설이란 말하자면, 논리와 추론의 산물입니다. 감각을 맹신하는 세상 사람들에게는 이 거대한 땅덩어리가 허공을 날아다닌다는 주장은 그야말로 씨도 안 먹히는 황당한 소리에 지나지 않는 거죠. 요컨대 지동설은 '심증'도 '물증'도 없었던 겁니다. 갈릴레이는 바로 지동설의 강력한 물증을 들이댄 최초의 과학자였던 셈이죠.

이제껏 신의 영역으로 치부해왔던 천상세계가 최초로 인류 앞에 문을 활짝 열어젖힌 것은 지금으로부터 400년 전인 1609년 어느 가을 밤의 일이었습니다. 갈릴레이가 자작 망원경을 밤하늘의 달로 겨누었던 것이 그 시초입니다. 이때 우주는 비로소 인류에게 그 문을 활짝 열어젖힌 거지요. 망원경을 통해 달의 모습을 본 순간, 갈릴레이는 경악했습니다. 그때까지 완전무결한 구(球)로 알고 있었던 달이 실은 수많은 곰보자국투성이일 뿐만 아니라, 지구와 같이 산과 계곡을 가진 천체였던 겁니다. 이것은 그야말로 아리스토텔레스 세계의 붕괴를 뜻하는 엄청난 발견이었습니다.

여기서 잠깐 달의 관측에 대해 얘기해봅시다. 달이 조각달이거나 반달일 때, 달의 안 보이는 나머지 부분을 자세히 보면 흐릿하게나마 윤곽을 볼 수 있습니다. 그것은 바로 지구에서 반사된 햇빛을 받기 때문이죠. 그것을 지구조(地球照)라 합니다. 이런 현상을 가장 먼저 발견한 사람은 르네상스 화가 레오나르도 다 빈치입니다. 막 돋아나는 새 달을 그릴 때, 레오나르도는 밝은 초승달 안에 안겨 있는

달에서 본 지구 달의 지평선 위로 떠오르는 지구. 푸른 바다가 넘실거리는 이 행성의 떠오르는 모습은 우주에서 가장 아름다운 풍경일 것이다. 1968년 아폴로 우주선이 달 궤도상에서 찍었다.

희미한 빛이 지구의 달 반사광이라는 것을 알았습니다. 그가 남긴 기록에는 '유령 달이 지구가 반사하는 태양빛을 잡아서 다시 약하게 반사하는 것'이라는 설명을 하고 있지요. 이것이 지구조의 최초 발견입니다.

달에서 지구를 볼 때 크기는 보름달의 4배, 밝기는 16배입니다. 황량한 달의 지평선 위로 떠오르는 지구는 얼마나 환상적인 모습일까요? 푸른 파도가 넘실거리는 초록별, 아마도 우주에서 가장 아름다운 광경일지도 모릅니다.

갈릴레이가 그의 망원경을 통해 알아낸 또 다른 사실은 은하수에 관한 것입니다. 은하수가 젖의 길(Milky Way)이 아니라, 실제로는 항성들의 거대한 모임이라는 것이죠.

망원경 발명에 관한 얘기는 여타 과학사에 자세히 나오니 줄이기로 하죠. 단, 고대 그리스인들이 기원전부터 유리제품을 만들었고, 유리가 빛을 굴절시킨다는 사실을 알고 있었습니다. 그럼에도 망원경이 17세기에 들어서야 발명된 것은, 『우주 전쟁』을 쓴 H. G. 웰스의 분석에 의하면, 철학자들이 너무나 오만해서 유리 제조업자로부터 무엇인가 배우려는 자세가 전혀 돼 있지 않았던 탓이었다고 합니다. 웰스는 "오만 때문에 받게 되는 가장 큰 형벌은 '무지'다"고 말했습니다.

지동설에 관한 더욱 결정적인 증거는 이듬해 나왔습니다. 바로 목성과 금성의 관측에서 얻어졌던 거죠. 갈릴레이는 목성 근처에서 네 개의 별들을 관측하다가, 그 별들이 상대적인 위치를 바꾸는

달과 목성 동트기 전 새벽하늘에서 만난 달과 목성. 목성의 4대 위성(갈릴레이 위성)이 나란히 늘어서 있다. 왼쪽부터 칼리스토, 가니메데, 목성, 유로파, 이오. 유로파 빼고는 모두 달보다 크다. 달의 희미한 부분은 지구조다.

것을 보고는 목성을 모성으로 하여 도는 위성들임을 알아냈던 겁니다. 이것은 엄청난 발견이었습니다. 왜냐하면 천동설은 모든 천체는 오로지 지구 주위만을 공전한다고 주장하기 때문이죠. 갈릴레이가 발견한 목성의 네 위성(후에 갈릴레이 위성이라 불린다)은 말하자면, '작은 태양계' 모형이었죠. 이론적으로만 알려져 있던 지동설의 모형이 실제로 하늘에 번듯이 존재하고 있었던 것입니다.

　게다가 모든 반론들을 한방에 날려버릴 수 있는 결정타가 그해 연말에 나왔습니다. 바로 금성의 위상 변화였죠. 금성은 햇빛을 반사하여 빛을 내므로, 만약 태양과 금성이 모두 지구 둘레를 돈다는 천동설이 맞다면 금성은 언제나 초승달 모양으로 보여야 합니다. 만약 금성과 지구가 태양 주위를 돈다면, 금성은 달처럼 다양한 위상 변화를 보일 테고요. 결과는 어땠을까요?

1610년 12월 11일, 여러 날 동안 망원경으로 금성을 관측해오던 갈릴레이는 마침내 금성 역시 달처럼 모든 종류의 위상 변화를 보인다는 사실을 확인했습니다. 이것은 행성이 태양 주위를 공전한다는 지동설의 움직일 수 없는 증거죠. 이 현상은 프톨레마이오스의 천동설로는 도저히 설명이 불가능한 것입니다. 이로써 고대 그리스의 천동설 천문학은 완전히 종말을 고하고 태양 중심의 새로운 우주론 체계가 등장하게 된 것입니다.

그러나 이 새로운 체계는 곧 강력한 반발을 샀습니다. 그 선봉은 교회였지요. 결론적으로 갈릴레이는 성직자들을 설득하는 데 실패했습니다. 교황청이 갈릴레이에게 보낸 성직자들은 망원경으로 보기를 거부하면서 "신이 그런 관찰을 원하셨다면, 인간에게 눈 대신 망원경을 주셨을 것"이라며 버티는 데는 도리가 없었지요.

갈릴레이의 지동설에 얽힌 종교재판 얘기는 워낙 유명하니 뛰어넘기로 합니다. 단, 법정을 나서면서 갈릴레이가 "그래도 지구는 돈다"고 말했다는 것은 사실이 아니라고 합니다. 코페르니쿠스의 지동설을 지지하고 무한우주론을 주장했던 브루노(1548~1600)[13]가

종교재판 끝에 화형당한 것이 불과 10년 전이었거든요.

브루노의 우주관은 말하자면, "우주는 무한하게 퍼져 있고 태양은 그중 하나의 항성에 불과하며, 밤하늘에 떠오르는 별들도 모두 태양과 같은 종류의 항성이다"라는 무한우주론이었습니다. 1600년, 로마에서 브루노가 화형당할 때 종교재판관이 이런 말을 했다고 하네요. "지금이라도 지동설을 부정하면 화형을 교수형으로 바꿔주겠네." 이 말은 "총으로 죽을래, 대포로 죽을래"나 다름없잖아요. 브루노는 한마디로 "노!" 했죠. 그때 브루노가 한 말이 유명합니다. "말뚝에 묶여 있는 나보다 나를 불붙이려는 당신들이 더 공포에 떨고 있군."

과연 브루노는 강골(強骨)이었어요. 존경스럽습니다. 여담이지만, 한국 현대사에서 '아, 이분 강골이시다' 하고 감탄할 만한 사람을 본 적이 있는데, 백범 김구 선생이었습니다. 이런 말씀을 하셨죠. "천길 낭떠러지에서 잡고 있던 두 손을 놓아버리는 것이 장부다." 백범의 이 말, 고인이 된 어떤 유명인사가 가끔 하던 말이라고 하네요. 이런 말 아무나 할 수 있는 거 아니잖습니까? 생사관이 확고한 사람만이 할 수 있는 말이죠. 실제로 백범은 그런 삶을 사셨죠.

어쨌든 브루노와는 달리 갈릴레이는 무척 겁 많고 소심한 사람이었어요. 그런 칠십 노인이 무슨 배짱으로 "그래도 지구는 돈다"는 말을 했겠습니까. 다만, 세상 사람들이 안타까워 지어낸 말이지요.

갈릴레이에게 내려진 판결은 종신 가택연금이었습니다. 로마 교황청은 이러한 지식인 박해로 '천구 바깥으로 천당과 지옥을 널리 배치할 수 있는 공간을 가진' 프톨레마이오스의 지구 중심 우주체계를 지켜나갈 수 있었습니다. 여기에 한 마디만 덧붙이고 싶네요. 불교에서는 이러한 분별적이고 자기중심적인 세계관을 무명(無明)이라 하지요.

그런데 갈릴레이의 가택연금은 과학의 발달에는 순기능으로 작용했습니다. 역사의 아이러니죠. 그의 마지막 대작 『두 새로운 과학에 관한 대화』가 그때 씌어진 겁니다. 우리나라에서도 귀양 간 사람이 귀양지에서 주요 저작을 생산한 경우를 많이 보지 않습니까? 정약용이나 정약전 같은 분들이 그런 예지요.

갈릴레이도 가택연금 시절에 쓴 이 저작으로 근대 물리학의 아버지가 됐습니다. 이 책이 물리학에 기여한 공적이 너무도 커서 아이작 뉴턴의 운동법칙을 미리 예견한 것이라고 주장하는 학자들까지 있죠.

갈릴레이는 결혼하진 않았지만, 슬하에 1남 2녀가 있었습니다. 파도바 대학 시절에 사귄 연인과의 사이에 태어난 아이들이죠. 두 사람이 헤어질 때 네 살짜리 아들은 엄마가 데려갔으나 아홉 살, 열 살의 두 딸은 갈릴레이에게 남겨졌어요. 그런데 얼마 지나지 않아 양육에 진저리가 난 갈릴레이는 두 딸을 수녀원에 보내고 말았습니다. 부성애가 좀 박약했던 모양입니다. 천재들이 좀 그런 경향이 있는 것 같아요. 아인슈타인이나 뉴턴도 그런 걸 보면……. 어쨌든 그 두 애들은 자라서 둘 다 수녀가 되었죠. 훗날 성인이 된 장녀 비르기니아는 아버지를 용서했는데, 막내딸은 자기를 버린 아버지를 끝까지 용서하지 않았답니다.

비르기니아는 아버지 갈릴레이가 연금당한 이듬해 병으로 죽었습니다. 임종 직전까지 그녀는 늙은 아버지가 책을 쓰는 곁에서 헌신적으로 돌봤다고 합니다. 착한 딸이지요. 그녀의 세례명 마리아 셀레스테(Seleste/천체, 하늘빛)는 아버지가 지어준 것으로, 현재 금성의 한 지명으로 남아 있습니다.

이 딸이 죽자 노경의 갈릴레이는 거의 황폐화되었습니다. 게다가 얼마 후엔 눈까지 멀고 말았지요. 망원경 관측을 너무 열심히 한 탓이라는 말도 있습니다. 그리하여 그의 생에서 모든 빛은 사라졌습니다. 하지만 하나의 위안은 남아 있었죠. 어렸을 때 아버지에게 배운 류트를 연주하는 거였죠. 1642년, 눈을 감을 때까지 류트를 손에서 놓지 않았다고 합니다. 향년 78세. 이해 연말 영국에서 아이작 뉴턴이 태어났죠.

갈릴레이가 자신의 생이 얼마 남지 않았을 때 읊은 탄식을 여기에 옮기는 걸로 이 불행했던 거인에 관한 얘기를 끝내기로 하죠.

"슬프다. 앞선 모든 시대의 학자들이 보편적으로 받아들였던 한계를 내가 탁월한 관찰과 명석한 논증으로 백배, 아니 천배나 넘게 확장시켜놓은 이 하늘, 이 지구, 이 우주가 이제는 나의 육체적 감각으로 채워지는 좁은 영역 안으로 움츠러들고 말았구나!"

정말 좀 슬프네요.

갈릴레오 갈릴레이의 운명과 닮은 갈릴레오 목성 탐사선 이야기

우리 인류가 살고 있는 동네, 우주를 알기 위한 인류의 꿈을 싣고 우주 공간으로 쏘아올려진 탐사선들은 수백 개에 이르지만, 그중에서도 특히 기억에 남는 것이 바로 목성 탐사선 갈릴레오 호다.

갈릴레오 이름을 이 탐사선에 붙인 이유는 물론 갈릴레오가 인류 최초로 목성을 망원경으로 관측하고 그 4대 위성, 곧 갈릴레이 위성을 발견한 업적을 기리기 위해서다. 태양계의 축소판이라 할 목성 체계의 발견으로 인해 지동설은 강력한 증거를 얻었으며, 천동설에 바탕한 점성술과 천문학은 여기서부터 확연히 분리되었다.

그러나 목성 탐사선 갈릴레오 호가 우리에게 깊은 인상을 남긴 것은 갈릴레오의 이 발견 때문이 아니라, 종교재판 끝에 비극적인 최후를 맞은 갈릴레오와 목성 탐사선 갈릴레오 호의 마지막이 흡사한 비장감을 보여주었다는 데 있다. 그 이야기를 따라가보자.

먼저 목성의 맨얼굴을 일별해보도록 하자.

태양계의 5번째 궤도를 돌고 있는 목성은 태양계에서 가장 거대한 행성이다. 목성은 태양계 여덟 행성을 모두 합쳐놓은 질량의 3분

갈릴레오 우주선 갈릴레오 갈릴레이의 이름을 딴 NASA의 목성 탐사선.

의 2 이상을 차지할뿐더러, 지름이 14만 3천km로 지구의 약 11배에 이른다. 만약 이 목성을 달의 위치에 갖다놓는다면 지구의 하늘을 거의 덮어버릴 것이다. 이 거대한 목성은 육안으로도 쉽게 찾아볼 수 있을 만큼 밝은데, 가장 밝을 때는 −2.5등급에 이르기도 한다.

또한 목성은 엷은 고리를 가지고 있으며, 유명한 네 개의 갈릴레이 위성을 포함해 많은 위성을 지니고 있다.

태양계의 왕자 행성인 목성의 질량은 지구의 약 318배, 부피는 지구의 약 1400배나 되지만, 밀도는 지구의 약 4분의 1 정도밖에 되지 않는다. 그 이유는 목성은 태양처럼 밀도가 낮은 수소와 헬륨으로 구성되어 있기 때문이다. 이러한 사실은 목성이 조금만 더 컸더라도 제2의 태양이 될 수 있었음을 암시한다. 목성의 모습을 보면 줄무늬가 보인다. 검은 줄무늬를 '띠(belt)', 밝은 줄무늬를 '대(zone)'라 부른다.

목성의 대기에서 가장 유명한 현상은 대적반이다. 목성의 소용돌이인 이 대적반은 타원 모양이며, 크기는 지구 사이즈보다 훨씬 크다. 남반부에 있는 이 대적반 내의 풍속은 초속 100m에 가깝다.

그럼 목성은 지구로부터 얼마나 떨어져 있을까? 지구에서의 거리는 가까울 때가 약 6억km 남짓이지만, 태양으로부터는 약 5.2AU*(7억 8천만km) 거리에서 11년 10개월 주기로 공전하고 있다. 그런데 놀라운 건 이 엄청난 덩치인 목성의 자전 속도가 태양계 내에서 가장 빠르다는 사실이다. 한 바퀴 도는 데 9시간 50분밖에 안 걸린다. 자전 속도는 시속 4만 5천km로, 지구의 27배가 넘는다.

이 문제적 행성인 목성 탐사의 역사는 올해로 딱 40년이 되었다. 1972년 인류 최초의 목성 탐사선 파이어니어 10호가 목성을 향해 탐사 장도에 올랐던 것이다. 이듬해에는 파이어니어 11호가 떠났고, 1977년에는 보이저 1호와 2호, 그리고 율리시즈 호와 갈릴레오 호 등 많은 지구의 탐사선들이 잇따라 발사되었다.

첫 번째 목성 탐사선 파이어니어 10호와 11호는 1972년 3월 2일과 1973년 4월 5일에 각각 발사되어 1973년 12월과 다음해 12월에 각각 목성에 도착해 탐사를 시작했다. 먼저 도착한 파이어니어 10호가 목성의 북극 상공 13만 6천km를 지나가는 순간에 인류는 처음으로 목성의 북극을 보게 되었고, 위성 이오에 엷은 대기가 있음을 보았다. 이 탐사선들은 목성의 새로운 위성을 비롯하여 수많은 사진자료들을 보내왔다.

또한 1979년 3월과 7월에 잇따라 보이저 1, 2호가 목성에 도착했다. 보이저 1호의 카메라는 지구에서는 발견할 수 없었던 목성의

---

* AU: 'astronomy unit'의 약자. 천문단위. 태양-지구 사이 거리(약 1.5억km)를 말함.

얇은 두 개의 고리를 발견했으며, 이오가 활화산을 가지고 있다는 것을 처음으로 밝혀냈다.

목성 탐사선의 결정판이라 할 수 있는 갈릴레오 호가 발사된 것은 1989년 10월 18일이다. 보이저 1, 2호의 중량이 722kg이고 파이어니어 10, 11호의 중량이 259kg인 데 비해 갈릴레오의 전체 중량은 2380kg으로, 상당히 대형화된 탐사선임을 알 수 있다. 무려 15억 달러(한화 약 2조 원)를 쏟아부은 갈릴레오 호는 궤도선과 탐사선으로 이루어져 있으며, 길이 9m, 지름 4.8m(안테나)로, 주임무는 목성의 대기 속으로 탐사선을 낙하시키는 한편, 목성의 선회궤도에 궤도선을 진입시켜 목성 대기의 조성과 구조, 온도 분포, 구름과 위성 표면의 특성, 이오의 화산활동과 목성 고리 조사 및 자료수집 등이다.

그야말로 NASA의 야심찬 목성 프로젝트인 갈릴레오 호는 1990년 2월에 금성을, 같은 해 12월, 1992년 12월에 두 차례 지구를 근접 통과한 후 발사된 지 6년 만인 1995년 12월 목성에 도착했다. 갈릴레오 호가 이처럼 복잡하고 먼 항로를 택할 수밖에 없었던 것은 목성에 도달하는 데 필요한 충분한 에너지를 얻기 위해 금성과 지구의 중력을 이용한 플라이바이(Fly by) 기법을 수행했기 때문이다. 이것은 천체의 중력을 이용해 가속을 얻는 방법으로, 우주의 당구치기에 비유될 수 있을 것이다(235쪽 참조).

갈릴레오가 목성으로의 긴 여로 중에 과외의 소득을 하나 올린 게 있는데, 그것은 슈메이커-레비9 혜성이 목성에 충돌하는 사건

슈메이커-레비9 혜성 슈메이커-레비9 혜성의 목성 충돌. 모두 21개로 부서져 차례로 목성을 들이받았다. 1994년 7월 허블 우주망원경이 찍었다.

을 목격한 것이었다. 슈메이커-레비9 혜성은 일반 혜성들처럼 태양의 주위를 도는 것이 아니라 놀랍게도 목성의 주위를 대략 2년의 주기로 공전하고 있다는 사실이 밝혀졌는데, 이 혜성이 목성의 조석력으로 산산조각이 나면서 드디어 1994년 7월 14일 총 21개의 조각들이 초속 60km라는 맹렬한 속도로 목성에 돌진, 차례대로 충돌을 시작했고, 그 충돌은 22일까지 계속되었다. 충돌 후 화구는 목성 상공 3천km까지 솟아올랐으며, 그 흔적은 직경 5cm짜리 아마추어 천체망원경으로도 보일 정도였다. 그야말로 우주의 대드라마였다.

아쉽게도 갈릴레오 탐사선은 아직 목성에 충분히 접근하지 못한 상태였지만, 현장에 가장 가까이 있는 탐사선으로서 생생한 사진들을 찍어 지구로 보내왔다. 가장 큰 조각이 들이받은 자국은 지구만큼이나 컸다. 계산에 의하면, 이런 혜성의 대형 충돌은 1천 년에 한 번 꼴로 일어나는 것으로 알려져 있다. 그러니까 이 슈메이커-레비9의 충돌은 망원경이 발명된 후 처음으로 관측된 천체 충돌 사건인 셈이다.

지구 바깥 궤도를 도는 거대한 목성은 지구를 지켜주는 보디가드이기도 하다. 우주는 그리 안전한 곳이 아니다. 이 같은 폭력사태가 도처에 끊이지 않고 일어난다. 외부 태양계에서 지구를 향해 날아오는 많은 소행성들이 목성과 달이라는 방패에 먼저 들이받음으로써 지구가 비교적 안전을 누리는 셈이다. 만약 슈메이커-레비9 혜성의 작은 한 조각이라도 지구에 충돌했다면 지구 생물의 70%는 멸종을 면치 못할 것이라고 한다. 그러므로 밤하늘에서 목성과 달을 본다면 우리는 감사의 마음을 품고 경의를 표하지 않으면 안 된다.

1995년 12월 목성 궤도에 도착한 갈릴레오 호는 목성의 대기와 위성에 대한 탐사 활동을 벌이면서, 신고 간 원추 모양의 로봇 탐사선을 목성의 구름 사이로 떨어뜨렸다. 탐사선은 목성 대기의 높은 기압과 온도에 의해 짜부라지기 직전까지인 58분 동안, 200km의 목성 대기층을 통과하면서 대기의 온도, 기압, 화학 조성 등을 측정, 지구로 보고했다.

탐사선은 한 시간 만에 목성으로 추락하고 말았지만, 갈릴레오 궤도선은 8년 동안 목성 주위를 34번이나 선회하면서 목성과 그 위성들을 탐사했다. 목성의 고리 사이를 누비며 수많은 난관들을 헤치면서 감동적인 여행담을 엮어낸 이 용감한 갈릴레오 궤도선은 독특한 매력을 갖고 있어 지구의 관제사와 엔지니어, 과학자들에게 많은 사랑을 받았다. 운행 도중 몇 차례 기기 고장을 일으키는 등 불운을 겪었지만, 그때마다 지상 엔지니어들의 필사적인 노력으로 수리에 성공하여 여행을 계속할 수 있게 되었다.

이 용감한 갈릴레오 호의 여행담 덕분에 인류는 목성의 구름 상부에 강력한 방사능대가 존재하고, 대기의 헬륨 농도가 태양과 똑같으며, 위성 이오 표면이 화산 활동에 의해 격렬하고 빠르게 변화하고 있다는 사실들을 알아냈던 것이다. 또한 위성 유로파의 얼음 표층 아래에 물로 된 바다가 있을 것이라는 증거 등을 발견했다. 과학자들은 이 바다가 지구의 대서양과 태평양을 합친 것보다 더 클 거라고 믿고 있으며, 어쩌면 그 속에 외계 생명체가 있을지도 모른다고 생각하고 있다.

갈릴레오 호는 8년 동안 목성 궤도를 돌면서 그 임무를 훌륭하게 수행한 끝에 2003년 9월 21일에 최후를 맞았다. 오랜 여행으로 노후화된 갈릴레오 호는 제어용 로켓의 연료가 떨어짐에 따라 더 이상 운항이 불가능하게 되었다. 그 상태대로 궤도를 떠돌게 놔둔다면 연료로 쓰던 플루토늄을 가진 채 유로파에 떨어져 그곳 바다를 방사능으로 오염시키고 혹시 있을지도 모를 생명체를 죽일지도 모른다고 판단한 NASA는 갈릴레오에게 목성과의 충돌을 명령했다.

갈릴레오는 관제소의 마지막 명령에 따라 고도 9천km에서 목성과의 충돌 항로로 방향을 틀었고, 마지막으로 우주와

목성 대기 속에서 불타는 갈릴레오 호 NASA의 마지막 명령을 받은 갈릴레오 호는 목성으로 항로를 돌려 목성 대기 속에서 불타고 있다.

목성 대기권 사이에 있는 외기권의 성분 분석을 보고한 후 목성의 구름 속으로 그 모습을 감추었다. 그리고 얼마 후 파괴되어 그 원자들을 목성의 바람 속으로 흩뿌렸다. 14년 동안 지구-태양 거리의 30배에 이르는 총 45억km를 항행하면서 목성 탐사 임무를 완수한 갈릴레오 호는 이렇게 자신의 삶을 마감했다.

어떤 면에서 그것은 오랜 연금생활 끝에 두 눈을 실명하고 임종한 갈릴레오 갈릴레이의 운명과도 닮은꼴이었다. NASA의 한 과학자가 마치 친구의 임종을 지켜보는 듯한 말투로 이렇게 읊조렸다.

"갈릴레오 호가 탐사선과 재결합했습니다. 이제 둘 모두 목성의 일부가 되었습니다."

과학혁명의 열쇠를 찾아내다, 케플러

이제 가장 연민을 자아내는 천문학자, 그러면서도 17세기 최고의 천문학 영웅인 요하네스 케플러에 대해 살펴봅시다. 갈릴레이와 함께 지동설을 완벽하게 세운 또 하나의 천문학자가 바로 케플러입니다. 케플러 하면 저는 가장 먼저 떠오르는 게 하나 있습니다. 최악의 불우한 천재라는 것입니다. 천문학, 물리학, 수학 천재들 중에 불우한 사람들이 즐비하지만, 케플러만큼 불우한 사람은 처음 봅니다.

코페르니쿠스 이후 최고의 천재 천문학자라는 평을 받는 그의

케플러 고행의 천문학자 요하네스 케플러. 평생을 바쳐 행성운동의 3대 법칙을 발견, 하늘의 입법자란 불멸의 영예를 얻었다.

불우 목록을 잠시 훑어보도록 하죠. 아마 자신이 불우하다고 느끼는 사람들에게 적잖이 위안이 될 듯하네요.

어머니는 수다쟁이 술집 딸, 아버지는 용병 출신의 깡패. 케플러의 표현에 의하면 '부도덕하고 거친 싸움꾼'이라네요. 둘 사이에 태어난 케플러는 칠삭둥이에다 병약한 아이였습니다. 부모로부터 거의 사랑도 못 받았답니다. 더욱이 아버지는 얼마 후 가출, 영원히 귀가하지 않았다고 합니다. 네 살 때는 천연두를 앓았고, 그 후유증으로 복시까지 겹쳐 나쁜 시력으로 평생을 고통스럽게 지냈답니다. 천문학자에겐 치명적인 결함이죠. 관측이 불가능하니까요. 게다가 내장기관도 안 좋고 손가락까지 온전치 못해, 보는 사람마다 이 아이는 커서 뭐가 될까 한숨이 나올 지경이었다고 합니다. 한마디로 온갖 불행을 다 꿰차고 태어난 아이라고나 할까요.

그런데 이 칠삭둥이 아이가 자라서 17세기 천문학에서 최고의 과학자, 가장 뛰어난 업적을 남긴 영웅이 되었습니다. 사람 팔자 알 수 없다는 말이 그래서 나오는 모양이지요. 그의 생애는 고행으로 점철되었지만, 이 모든 걸 다 이겨내고 거인으로 우뚝 선 것입니다. 휠체어 천문학자 스티븐 호킹이 케플러를 이렇게 평했습니다.

"만약 절대적인 엄밀함을 추구하면서 평생 동안 가장 헌신적인 삶을 산 사람에게 주어지는 상이 있다면, 독일의 천문학자 요하네스 케플러가 그 상을 받았을 것이다."

이 거인의 발자국을 잠시 따라가보도록 하죠. 가족들은 어린 케플러를 성직자로 만들기 위해 개신교 수도원 학교에 넣었습니다. 먹고살 길은 그 길밖에 없다고 생각한 거죠. 병약하고 내성적인 케플러는 동급생들에게 인기가 있을 리 없었습니다. 아이들에게 왕따 당하거나 매 맞는 적도 드물지 않았다고 하네요. 한마디로 3류 인생으로 온갖 멸시를 받으며 어린 시절을 보내야 했습니다.

그러나 그는 결코 무시할 수 없는 하나의 재능을 갖고 있었는데, 바로 명석한 두뇌였죠. 가난한 집안 출신이지만 대학까지 갔던 것은 오로지 뛰어난 머리 덕분이었습니다. 항상 장학금을 받아냈고, 특히 수학 분야에서 발군의 재능을 보였습니다. 처음에는 성직자가 되기 위해 신학을 전공하다가 이윽고 천문학 쪽으로 방향을 틀었습니다. 그런데 그 이유는 신앙 때문이었답니다. 아니, 신앙 때문이라면 성직자 길로 나가야지?

케플러는 신이 창조한 이 우주와 세상의 종말이 어떠할까, 늘 궁금했다고 합니다. 그리고 감히 신의 마음을 헤아려보고 싶었습니다. 그는 점점 천문학으로 빠져들었는데, 그것도 코페르니쿠스의 지동설에 점차 기울어, 나중에서 가장 열렬한 코페르니쿠스 우주 체계의 옹호자가 됐습니다. 수학 천재였던 케플러는 프톨레마이오스 체계보다 코페르니쿠스 체계가 수학적으로 더욱 아름답다고 생각했던 거죠. '아름답지 않은 것은 진리가 아니다.' 이런 믿음이 천문학자나 물리학자들 사이에 퍼져 있는 모양입니다.

케플러는 유클리드 기하학을 배우면서 완전한 형상과 코스모스의 영광을 엿보았다는 느낌을 받았습니다. 그때의 심경을 케플러는 이렇게 표현했습니다.

"기하학은 천지창조 이전부터 있었다. 기하학은 신의 뜻과 함께 영원히 공존한다. 기하학은 천지창조의 본보기였다. 기하학은 신 그 자체다."

이런 사람이었으니, 이미 갈 길은 정해졌다고 봐야겠죠. 대학을 졸업하고, 22세 때 그는 미련 없이 목사의 길을 버리고 천문학 교사가 됐습니다. 때로는 생활고 때문에 점성술사 노릇도 했다고 합니다. 당시에는 천문학과 점성술의 경계가 좀 모호했다는군요. 그는 살면서 궁할 때마다 점성술로 돌아오곤 했지만, 그 자신은 점성술을 믿지 않았습니다. 점성술에 대한 그의 한탄이 그것을 증명해주지요.

"점성술은 어머니인 천문학을 먹여살리는 슬픈 창녀일 뿐이다."

케플러는 행성의 수와 그 궤도 사이에는 창조주의 기하학이 숨어 있다고 굳게 믿었습니다. 왜냐하면, 신은 기하학자니까. 케플러의 신은 확실히 수학자였습니다. 케플러는 그 우주의 수학문제를 풀어보려 한 것이고요.

케플러는 코스모스 뒤에 숨겨진 신의 수학을 풀기 위한 수학적 증명과 과학적 관측을 얻기 위해 기나긴 여정에 들어섰습니다. 케플러에겐 천문학이 성직이었습니다. 이후 케플러의 고난에 찬 삶은 구도자의 고행과 다를 바가 없었습니다. 그의 여생은 이 '신의 기하학'을 푸는 데 오롯이 바쳐졌지요.

당시 모든 행성들은 원운동을 한다고 믿었습니다. 그런데 그것은 관측 자료와 늘 일정한 오차를 보였습니다. 케플러 역시 화성이 태양 주위를 원궤도에 따라 돈다고 간주하고 관측 자료를 분석하고 궤도계산에 매달렸지요. 쉽게 끝날 것 같았던 계산은 8년간이나 계속되었습니다. 복잡하고 지루한 계산을 무려 70차례나 되풀이했지요. 이른바 케플러의 '화성전쟁'이라 일컬어지는 지난한 작업이었죠.

그는 자신의 책에서 이 과정을 지루하다고 느낄지도 모르는 독자를 위해 이런 '불쌍한' 각주를 달아두기까지 했습니다. "이 지루한 과정에 진력나시거든, 이런 계산을 적어도 70번이나 했던 저를 생각하시고 참아주십시오."

어쨌든 오랜 고역 끝에 나온 결론은 타원궤도였습니다. 케플러는 타원공식을 사용해 다시 자료 분석을 시도했습니다. 결과는 관측값과 완전 일치했습니다! 케플러는 탄성과 탄식을 함께 토해냈지요.

"자연의 진리가 나의 거부로 쫓겨났었지만, 인정을 받고자 겉모습을 바꾸고 슬그머니 뒷문으로 들어왔으니, 아, 나야말로 정말 멍청이였구나!"

화성이 타원궤도를 돈다는 것은 이렇게 오랜 노역 끝에 얻어진 것입니다. 다른 행성들도 타원궤도를 돌지만, 화성보다는 훨씬 원에 가깝죠. 태양은 타원궤도의 중심에 위치한 것이 아니라, 중심을 조금 벗어난 초점에 자리하며, 행성의 공전 속도는 태양이 가까울수록 빨라지고 멀어질수록 느려집니다. 이런 운동 때문에 행성이 태양을 향해 계속 떨어지는 중이지만, 결코 태양에 곤두박질하지는 않는다는 거죠.

행성운동을 규정한 타원의 법칙과 동일면적의 법칙은 1609년에 그의 책 『새 천문학』에 발표했습니다. 그리고 그로부터 10년 후, 『우주의 조화』에서 그의 제3법칙 조화의 법칙을 발표함으로써 케플러의 행성운동 3대 법칙은 완결되었던 것입니다.

케플러 법칙을 문장으로 요약하면 다음과 같습니다.

1. 모든 행성의 궤도는 태양을 하나의 초점에 두는 타원궤도다.(타원궤도의 법칙)

2. 태양과 행성을 잇는 직선은 항상 일정한 넓이를 쓸고 지나간다.(면적속도 일정의 법칙)

3. 행성의 공전주기의 제곱은 행성과 태양 사이 평균 거리의 세제곱에 비례한다.(조화의 법칙)

특히 이 법칙들은 행성운동의 거리와 시간의 관계를 밝힘으로써 60년 후 뉴턴의 중력 방정식을 선도한 것이기도 합니다. 케플러는 놀랍게도 태양과 행성 사이에는 보이지 않는 어떤 힘이 작용하며, 행성운동의 근본 원인이 자기력과 유사한 성격의 것이라고 제안함으로써 중력 또는 만유인력을 예견했던 셈이죠.

케플러는 3대 법칙을 완결한 후, 자신이 신이 우주를 설계한 논리를 발견했다고 믿었기 때문에 엄청난 희열감을 느꼈습니다. 그는 이 기쁨을 『우주의 조화』 속에 이렇게 썼습니다. "나는 이 책이 지금이든 또는 후세든 읽히기를 기다릴 것이다. 시기는 중요치 않다. 나는 한 사람의 독자를 위해 100년을 기다릴 수도 있다. 하느님도 한 사람의 증인을 위해 6천 년을 기다리시지 않았는가."

행성운동의 3대 법칙을 발견함으로써 케플러는 '하늘의 입법자'라는 불멸의 영예를 오늘날까지 누리게 되었습니다. 하지만 인간으로서의 그의 삶은 참으로 불우했고 불행했습니다.

케플러의 사생활을 잠시 들여다보면, 케플러는 26세 때, 딸이 딸린 23세 과부 바르바라라는 제분소집 맏딸과 결혼했는데, 결혼생활은 당연히 행복하지 못했습니다. 일찍 얻은 두 아이는 병으로 어려서 죽었고, 케플러는 격심한 정신적 고통을 겪었지요. 고통을 잊기 위해 저작에 몰두했고요.

그런데 무지했던 그의 아내는 남편이 하는 일을 전혀 이해하지 못했습니다. "남편이 예술가이든 구두 수선공이든 아무런 차이도 없다"고 투덜거렸던 작곡가 하이든의 아내 같았던 모양입니다. 뿐더러 부잣집 딸이었던 바르바라는 남편의 가난한 직업을 경멸하기까지 했다고 하네요. 케플러는 일기에다 아내를 "뚱뚱하고 혼란스럽고 어리석다"라고 묘사하고는, "아내를 나무라기보다 내 손가락을 깨무는 편이 낫다"고 한탄했답니다. 이들의 결혼은 바르바라가 티푸스로 세상을 떠나기까지 14년 동안 계속되었습니다.

한참 뒤에 재혼한 케플러는 벌이도 변변치 못한 형편에 아이들은 많이 낳았어요. 나중에는 실직까지 해서 어느 추운 늦가을, 밀린 급료를 받기 위해 노구를 끌고 먼 길을 나섰다가, 객지에서 덜컥 병을 얻었습니다. 그리고 며칠 고열에 시달리다 숨을 거두고 말았지요. 불우 종결자다운 죽음이라고나 할까요. 향년 59세. 그날 밤 하늘에서는 유성우가 내렸다고 합니다. 출생에서부터 임종에 이르기까지 줄곧 불우하기만 했던 이 거인의 유해는 성벽 밖 공동묘지에 쓸쓸히 묻혔습니다. 빗돌에는 그가 지은 다음과 같은 문장이 적혀 있었습니다.

“어제는 하늘을 재더니, 오늘 나는 어둠을 재고 있다. 나는 뜻을 하늘로 뻗쳤지만, 육신은 땅에 남는구나.”

그러나 그의 무덤도 30년 전쟁 와중에 스웨덴 군과 가톨릭 동맹군 전투로 완전히 파괴되어 흔적도 없이 사라져버렸다고 합니다. 살아생전에 세상 어느 곳에서도 쉴 곳을 찾지 못했던 케플러의 삶을 상징적으로 보여주는 대목입니다.

케플러가 평생을 바쳐 고난과 싸우며 이룩해낸 그의 업적은 후세 과학사학자들에 의해 ‘과학혁명의 열쇠’라는 평가와 함께 케플러를 그 혁명의 중심인물로 올려놓았습니다. 케플러로 인해 태양계는 최초로 인류 앞에 완벽하게 그 모습을 드러내게 된 것입니다. 태양계 우주론의 완결판이라 할 만하지요.

2009년, NASA는 케플러를 기리기 위해 우주망원경에 케플러의 이름을 붙였습니다. 케플러 계획[14]이죠. 그리고 유엔은 갈릴레이가 최초로 망원경 천체관

14_NASA의 우주망원경을 이용하여 태양 외의 다른 항성 주위를 공전하는 지구형 행성을 찾는 계획. 2010년 1월 4일 케플러 우주선으로부터 첫 결과가 보내져왔다. 이를 토대로 NASA는 다섯 개의 외계 행성을 발견했으며, 이들을 케플러-4b, 5b, 6b, 7b, 8b로 명명했다고 발표했다.

측을 행하고 케플러가 그의 『새 천문학』을 발간한 지 400주년 되는 2009년을 '세계 천문의 해'로 정해 그를 기렸습니다. 하지만 무엇보다 『코스모스』의 작가이자 후학인 칼 세이건의 다음과 같은 말이 케플러를 위한 최상의 찬사가 될 겁니다.

"우주 탐사선이 광대한 우주를 가로질러 외계로 달려갈 때, 사람이고 기계고 가릴 것 없이 확고부동한 이정표가 하나 있다. 그것은 케플러가 밝혀낸 행성운동에 관한 세 가지 법칙이다. 평생에 걸친 수고로 그는 발견의 환희를 맛보았고, 우리는 우주의 이정표를 얻었다."

우주론 시간여행 2 :

둥근 지붕 천구에서
팽창우주까지, 우주론의 역사

세 번째 시간

죽어가는 별 NGC 7293 50억 년 후 태양의 모습이 이럴 것이다.

하늘과 땅을 통합하다, 뉴턴

고독은 천재의 학교다.
_ 기번(『로마제국 쇠망사』의 저자)

이번 시간에 만나볼 사람은 하늘과 땅, 삼라만상을 하나로 통합한 인류 최고의 천재입니다. 일체동근(一切同根)[1]이 무엇인지를 확실히 보여준 사람이지요. 별의 진화에 대한 연구로 노벨상을 받은 인도 출신의 천체물리학자 찬드라세카르가 인류 최고의 과학천재라고 평한 인물, 바로 아이작 뉴턴입니다. 여기엔 이론이 없는 것 같아요. 찬드라세카르는 그다음 천재로 아인슈타인을 들었는데, 한참 떨어지는 2등이라는 토를 달았습니다.

1_ 모든 현상(現像)은 마음에서 비롯되었으며, 만유는 하나로 엮여 있다는 뜻. 여기서 말하는 마음이란 것은 생각이나 감정을 말하는 것이 아니라 모든 것의 근원을 말하는 것으로 부처라고도 한다.

178

케플러가 평생을 바쳐 추구한 목표는 천상 세계를 움직이는 우주의 조화를 밝히는 것이었습니다. 케플러에게 있어 그것은 신의 마음을 아는 일이기도 했지요. 행성의 운동 질서를 정확히 밝힌 케플러의 3대 법칙은 그가 평생을 바친 수고로 얻어진 것이었습니다. 그러나 그것으로 신의 마음을 모두 알았다고는 할 수 없었지요. 그 질서를 받쳐주는 그 무엇, 곧 행성들로 하여금 태양 둘레를 돌게 하는 힘이 무엇인가 하는 것은 제대로 설명하지 못했던 거죠. 그는 다만 행성운동의 근본적인 힘은 자기력과 유사한 성격의 힘이라고 이해했을 뿐이었습니다.

아이작 뉴턴 인류 최고의 과학천재로, 우주 삼라만상을 아우르는 대법칙 '만유인력'을 발견했다.

이 같은 의문에 정확한 답안을 작성한 사람은 케플러 3대 법칙이 완성되고 70년이 지난 뒤 중력이론을 발표한 영국의 뉴턴이었습니다. 모든 시대를 통틀어 가장 위대한 천재, 마호메트와 예수 다음으로 인류 역사를 바꾼 인물로 평가받는 뉴턴의 삶에 대해서는 여타 과학사에서 너무나 자세히 말하고 있으므로, 여기에서는 뼈대만 추려 얘기하도록 하죠.

1666년 케임브리지에서 공부하던 뉴턴은 흑사병이 돌아 학교가 문을 닫는 바람에 울즈소프의 고향집으로 내려갔습니다. 무엇에도 얽매이지 않는 1년여 기간 동안 그는 수학과 역학, 광학에 몰두했습니다. 그 결과물들은 엄청났지요. 미분과 적분을 창안했으며, 빛의 기본성질을 밝혀냈고, 만유인력 법칙의 기반을 구축했습니다.

뉴턴 자신이 '기적의 해'로 일컫는 이 시기는 그의 생애 중 가장 창의력이 폭발했던 때였죠. 그의 나이 스물네다섯 살 무렵이었습니다. 과학사에서 이와 비슷한 예를 찾자면 아인슈타인이 상대성원리를 발표했던 1905년[2]을 들 수 있을 뿐입니다.

그중 최고의 업적은 바로 만유인력의 법칙 발견입니다. 진위에 대해 말이 많지만, 사과가 떨어지는 것을 보고 '돈오(頓悟)'[3]했다는 거지요. 사과가 떨어지는 순간, 사과는 떨어지는데 달은 왜 떨어지지 않을까 하는 생각이 들었답니다. 그러다가 달도 떨어지고 있는 중이라는 생각이 퍼뜩 떠올랐습니다. 하지만 달은 지구로 떨어지는 동시에 옆으로 진행하고 있으므로, 이 두 운동의 결합이 지구 주위를 도는 궤도로 나타난다는 데까지 생각이 미쳤지요. 만약 지구가 달을 끌어당기는 작용을 하지 않는다면 달은 일직선으로 지구를 지나쳐 버렸을 것이라고 말입니다.

얼마 전 제가 차를 타고 가다가 차창 밖으로 보름달을 보았습니다. 아름다운 달이었습니다. 그 순간, '아, 저런 게 하늘에 떠 있다니, 내가 사는 이 세상은 정말 이상한 세상이구나' 하는 생각이 언뜻 들었습니다. 그리고 달이 지구를 향해 떨어지고 있다는 뉴턴의 말이 생각났습니다. 그래서 심심하던 차에 암산으로 달이 지구를 향해 떨어지는 속도를 계산해봤죠. 지름 80만km, 여기에 파이(π)를

2_알베르트 아인슈타인(1879~1955)이 26세 때인 1905년, 광양자 가설, 브라운 운동, 특수상대성이론 등 과학사에 길이 남을 중요한 이론을 불과 몇 달 사이 세 편의 논문으로 발표했기 때문에 이렇게 불린다. 유엔이 그 100주년 되는 2005년을 '물리의 해'로 선포, 인류에 끼친 아인슈타인의 공적을 기렸다.

3_불교 용어로 단박에 깨닫는 것, 또는 그 깨달음. 천천히 깨달음에 이르는 것은 점오(漸悟)라 한다.

곱하면 달의 공전궤도 거리가 나옵니다. 거기에 나누기 27일, 나누기 24시간, 나누기 3600초 하면 달의 초속이 나오겠지요. 초속 약 1km더군요. 그러니 10초 동안 지켜봐도 달의 이동 거리는 약 10km입니다. 이게 40만km 밖의 일이니, 4만분의 1 움직인 겁니다. 그러니 눈에 띨 리가 없겠지요.

뉴턴은 그날 사과가 아래로 떨어지는 데는 어떤 힘이 작용하며, 그 힘은 행성을 포함해 우주 만물에 적용된다는 사실을 깨달았던 것이죠. 지구가 태양 둘레를 도는 것 역시 마찬가지라고 여기며 이렇게 생각했지요. '지구와 태양은 서로를 잡아당긴다. 말하자면 서로를 향해 끊임없이 떨어지고 있는 거지. 사과가 땅에 떨어지는 것은 땅이 워낙 무겁기 때문이고, 사과에 붙어 있는 개미는 땅이 떨어진다고 할 거야.'

이런 대칭성에 눈을 뜬 뉴턴은 단박에 중력의 본성을 깨쳤습니다. 바로 우주의 모든 것은 중력으로 묶여 있다는 사실을요. 사과 한 알에서 온 우주를 관통하는 법칙을 뽑아냈던 겁니다. 그의 나이 24세 때 일입니다

물체가 땅으로 떨어지는 일은 태초부터 있었습니다. 어린 아이도 압니다. 사과나 배가 떨어지는 걸 한두 사람이 봤겠습니까. 달이 지구 둘레를 돈다는 사실 역시 옛적부터 알려진 사실이죠. 하지만 이두 가지 현상이 같은 힘에 의해 일어난다는 사실을 인류 최초로 깨달은 사람은 바로 뉴턴이었습니다. 지구와 달이 태양 둘레를 돌고, 은하가 뺑뺑이 도는 힘이나 사과가 땅에 떨어지는 힘이나 알고 보

면 다 같은 힘이라는 겁니다. 뉴턴의 중력법칙을 만유인력의 법칙이라고 하는 까닭이 바로 여기에 있습니다. 사과가 떨어지는 힘이나 달이 지구를 도는 힘이 같은 것이다! 그야말로 일체동근입니다.

이런 엄청난 발견을 해놓고도 오랫동안 까맣게 잊어버렸답니다. 역시 비범하죠. 그후 20년이나 지난 뒤에야 다시 뉴턴의 관심사가 되었는데, 여기에는 계기가 있었습니다. 모교의 교수로 있던 뉴턴에게 어느 날 동료 천문학자인 에드먼드 핼리(1656~1742)[4]가 찾아왔습니다. 절친인 두 사람이 혜성의 궤도에 대해 얘기하다가 결과적으로 쓰게 된 것이 인류 최고의 지적 유산으로 평가받는 『자연철학의 수학적 원리』, 흔히 '프린키피아'로 불리는 책이죠. 여기에 여러분이 들어본 적 있는 그 유명한 뉴턴의 세 가지 운동법칙(관성의 법칙, 가속도의 법칙, 작용·반작용의 법칙)이 들어 있습니다.

뉴턴은 이 세 가지 운동법칙에서 중력의 법칙을 이끌어냈습니다. 뉴턴은 『프린키피아』에서 만유인력의 법칙을 설명하기에 앞서, "나는 이제 세계의 기본 얼개를 선보이겠다"고 폼 나게 선언했습니다. 일찍이 케플러가 행성궤도가 타원임을 밝혔지만, 그 원인은 여전히 풀리지 않는 수수께끼였죠.

뉴턴은 케플러의 행성운동에 관한 제3법칙(조화의 법칙)에 자신의 원심력 법칙을 적용하여 역제곱 법칙을 이끌어냈습니다. 그것은 두 물체 사이의 중력이 두 물체 중심 간 거리의 제곱에 반비례한다는 법칙이죠. 곧, 우주의 모든 물질은 질량의 곱에 비례하고 거리에

4_영국의 천문학자, 기상학자, 물리학자, 수학자. 핼리 혜성의 발견자. 그리니치 천문대 대장을 지냈다. 뉴턴을 도와 『프린키피아』 출판을 성사시켰다.

반비례하는 힘으로 서로를 끌어당긴다는 것이죠. 이른바 만유인력의 법칙입니다. 다음과 같은 간단한 식으로 표현할 수 있죠.

$$F = Gmm'/r^2 \ (\text{F는 인력, G는 만유인력 상수, m, m'는 두 물체의 질량,}$$
$$\text{r은 두 물체 사이의 거리})$$

여기서 알 수 있겠지만, 뉴턴의 중력법칙은 우주 어디에서나 성립하는 보편 법칙입니다. 뉴턴은 이 법칙 하나로 하늘과 땅을 통합한 셈이죠. 우주 안의 만물은 이 공식으로 서로 감응하는 것이죠. '나'라는 존재도 온 우주의 만물과 서로 중력을 미치고 있으며, 우리 집 마당에 사과 한 알이 떨어져도 온 우주가 그 사실을 알고 감응한다는 말입니다. 만유인력의 법칙은 태양 중심주의를 물리학적으로 완전히 규명해낸 거라 할 수 있습니다. 이로써 코페르니쿠스 체계가 옳다는 것이 결정적으로 증명되었던 것이고요.

위 식에서 거리제곱(r^2)을 보십시오. 저것이 2차식이 아니라면 공전궤도는 닫히지 않게 됩니다. 즉, 2차이기 때문에 지구는 태양으로 떨어지지도 않고 바깥으로 튕겨나가지 않는 궤도에 묶여 있는 겁니다.

『프린키피아』에서 뉴턴은 행성의 운동을 비롯하여, 조석의 움직임, 진자의 흔들림, 사과의 낙하 같은 다양한 현상들을 단일한 원리로 통일하고, 다시 그것을 수학적으로 완벽하게 제시했습니다. 이 놀라운 솜씨는 마침내 지상의 물리학과 천상의 물리학을 하나로 통합했던 겁니다.

이것은 갈릴레이가 그토록 이루기를 갈망했으나 끝내 성공하지 못했던 것이었죠. 당시 철학자들은 운동의 개념을 물리적, 정신적인 것까지 포함한 모든 현상의 기초라고 생각했습니다. 이 모든 운동 뒤에 숨어 있는 유일한 원동력, 즉 중력을 뉴턴이 찾아냈던 것입니다.

만유인력, 곧 중력은 삼라만상, 우주의 모든 곳에 스며 있습니다. 바로 우리 주변에도 중력이 꽉 들어차 있지요. 책상 위에서 연필을 들었다 놓아보십시오. 여지없이 낙하합니다. 얼음판 위에서 0.1초만 몸의 중심을 잃어도 바로 엉덩방아를 찧습니다. 골반뼈에 금이 갈 수도 있지요. 어떤 실없는 사람들은 공중부양이니 뭐니 하면서 허공에 떠 있을 수 있다고 큰소리칩니다. 저는 그런 사람들과 1 대 100, 아니 1 대 1만이라도 내기를 할 용의가 있습니다. 속지 마십시오.

중력의 놀라운 성질 중의 하나는 중력은 멀리 떨어져서도 작용한다는 사실입니다. 40만km나 떨어져 있는 저 달도 중력으로 지구와 서로 묶여 있기 때문에 지구 둘레를 도는 것입니다. 태양도 마찬가지고요. 중력은 진공인 우주 공간을 뛰어넘습니다. 따지고 보면 우리는 중력 덕분에 이렇게 살아갈 수 있는 거지요. 생각할수록 놀라운 사실 아닙니까?

만유인력의 발견으로 뉴턴은 물리학자로서 최고의 반열에 올랐습니다. 뉴턴과 어깨를 나란히 할 물리학자는 없습니다. 이런 뉴턴에 대해 프랑스의 수학자이자 천문학자인 라그랑주는 이렇게 말했습니다. "뉴턴은 역사상 최고의 천재이자 행운아다. 왜냐하면 우주의 체계는 단 한 차례만 밝혀지는 거니까." 그렇습니다. 아무나 뉴턴이나 아인슈타인처럼 장엄한 근본적 발견을 할 운명을 타고나는 건 아니지요.

뉴턴 역학이 전하는 복음은 분명했습니다. 한마디로 '이 세계는 우주 역학의 결과이며, 모든 천체들이 고유한 질량과 그것들의 운행에서 나오는 힘들에 의해 움직이고 있다. 행성운동은 말할 것도 없고, 우주 안에서 일어나는 모든 현상은 원자들의 상호관계에서 일어나는 역학의 결과다. 그러므로 이 세계 안에 우연이란 것은 없다'는 것입니다. '자연은 일정한 법칙에 따라 운동하는 복잡하고 거대한 기계'라고 하는 뉴턴의 역학적 자연관은 18세기 계몽사상의 발전에 지대한 영향을 주었습니다.

여기서 뉴턴과 케플러의 관계를 잠시 짚어볼 필요가 있습니다. 뉴턴이 이 같은 위대한 발견을 한 데에는 케플러의 공이 지대했음은 누구도 부인할 수 없는 사실이니까요. 뉴턴 역시 핼리에게 보낸 편지에서 "나는 약 20년 전쯤에 행성운동에 관한 케플러의 법칙에서 이 관계를 추론해낼 수 있었습니다"라고 고백한 적이 있었지요. 그럼에도 불구하고 그는 『프린키피아』에 케플러에게 바치는 감사의 말을 한마디도 하지 않았습니다. 그가 "거인들의 어깨 위에 서 있었기 때문에 멀리 볼 수 있었다"라고 자못 겸손한 듯 말했거든요. 케플러야말로 거인들의 가장 앞줄에 있었을 텐데도 말입니다. 좀 삭막한 천재라고나 할까요.

그렇다고 그가 인류에게 준 위대한 선물의 값어치가 감소되는 건 아닙니다. 뉴턴 역학으로 인해 우리는 우주에 대해 깊은 이해에 도달할 수 있는 열쇠를 갖게 된 겁니다. 지금도 지구 궤도를 돌고 있는 수많은 인공위성들의 궤도 계산이나 로켓 발사, 그리고 우주 탐사선의 우주여행 등이 모두 300여 년 전에 확립된 뉴턴의 이론적 모델에 기초하고 있다는 것만 보더라도 뉴턴의 공적이 얼마나 큰 것인지 알 수 있습니다. 사람들은 뉴턴을 가리켜 '신의 마음에 가장 가까이 간 사람'이라 평했지요. 볼테르는 뉴턴을 두고 '천년에 한 번 나올 천재'라고 평했고, 또 뉴턴과 동시대인인 곱사등이 시인 알렉산더 포프는 성경구절을 차용한 시로 이렇게 칭송합니다.

자연과 자연의 법칙들이 어둠 속에 숨어 있었다.
신께서 "뉴턴이 있으라" 하시자, 만물이 밝아졌다.

또 아인슈타인도 다음과 같은 글로 뉴턴을 추앙했습니다.

우리에게 영감을 주는 별들을 바라보라.
절대자의 생각이 느껴지는가?
모든 것들은 뉴턴의 수학을 따라
그들의 길을 말없이 가고 있구나.

『프린키피아』로 일약 명사의 반열에 오른 뉴턴은 그밖에도 뉴턴식 반사망원경을 만드는 등 광학과 수학에서 많은 업적을 남겼습니다. 그리고 사회적으로는 왕립학회 회장, 국회의원, 조폐국 장관 등을 역임하고 기사작위를 받는 등 영달의 길을 걸었지요. 하지만 개인적으로 볼 때 행복한 삶을 살았다고 하기는 어렵습니다. 신은 한 사람에게 모든 것을 다 주지는 않는 모양입니다.

천재의 학교는 고독이란 말이 있습니다. 그래서인지 뉴턴은 평생 결혼하지 않은 채 독신으로 살았습니다. 로맨스라고는 대학 입학 전 하숙집 딸을 잠시 좋아했던 것이 전부였습니다. 늙어서는 조카딸 내외의 보살핌을 받았는데, 한때 몰두했던 연금술 연구에서 얻은 수은 중독 때문에 만년엔 심한 신경쇠약을 앓기도 했지요. 사실 뉴턴은 수학이나 천문학보다 연금술과 성서의 종말론 연구에 더 많은 시간과 정력을 쏟았다는 이야기도 있습니다. 그런 헛된 노고의 결과가 신경쇠약으로 나타나, "지난 1년 동안 제대로 먹지도 자지도 못했네. 이젠 친구도 그만 만나야 할 것 같네"라는 더없이 슬픈 편지를 친구에게 쓰기도 했습니다.

신이 뉴턴에게 주지 않았던 것은 또 하나 있습니다. 인류 최고의 과학 천재라는 평을 받는 뉴턴이지만, 단순한 현실문제에서는 사뭇 어수룩한 일면을 보였습니다. 개와 고양이를 기르고 있었던 뉴턴은 담벼락에 고양이가 다닐 수 있는 구멍 하나를 뚫어주었습니다. 그런데 개는 덩치가 커서 그 구멍으로 다닐 수가 없었죠. 뉴턴은 다시 그 옆에 큰 구멍 하나를 더 뚫었답니다. 그러자 하인이 말했습니다. "아니, 주인님, 작은 구멍을 좀 더 넓히면 되지 왜 또 구멍을 뚫으셨어요?” 뉴턴은 뭐라 대꾸할 말이 없었겠지요.

자신이 발견한 것을 남에게 빼앗길까봐 늘 전전긍긍했고, 동료 과학자들과 지나치게 경쟁적이었던 나머지 평생 동안 수많은 적들을 만들고 그들과 싸웠던 뉴턴이었습니다. 영국 작가 올더스 헉슬리의 말마따나 ‘우정, 사랑, 부성애 결핍 등 인간적인 면에서는 최악’이었을지도 모르죠. 하지만 뉴턴이 인류에게 준 선물로 인해 인류는 오늘의 문명사회로 성큼 다가서게 되었다는 점을 부정할 수는 없습니다.

뉴턴은 1727년 3월 20일 새벽녘, 폐렴 발작과 통풍으로 숨을 거두었습니다. 향년 85세. 성대한 장례식을 치른 후 명사들이 묻히는 웨스트민스터 사원에 묻혔는데, 묘비명으로는 포프의 시가 새겨졌습니다. 죽기 바로 전 뉴턴은 스스로의 삶을 돌아보는 다음과 같은 아름다운 글을 남겼습니다.

“내가 세상 사람들에겐 어떻게 보였을는지 모르지만, 내게는 바닷가에서 노는 아이로 보였을 뿐이다. 인간의 발길이 전혀 닿지 않은 드넓은 진리의 바다, 그 앞에서 이따금씩 여느 것보다 더 매끄러운 조약돌이나 더 예쁜 조가비를 발견하고는 즐거워하는 아이였을 뿐이다.”

뉴턴-. 그의 이름은 힘의 단위로 남아 있습니다.

우주를 방랑하는 혜성, 지구 생명의 창조자이자 파괴자

공포의 대마왕

우주에는 그 규모나 내용에서 우리의 상상을 초월하는 엄청난 사건들이 일어나고 있지만, 사람의 눈으로 볼 수 있는 천체 현상 중 최고의 장관은 단연 혜성 출현일 것이다. 어떤 장대한 혜성의 꼬리는 태양에서 지구까지 거리의 2배에 달하며, 그 주기가 수십만 년을 헤아리는 것도 있다 하니 참으로 상상하기조차 힘든 일이다. 혜성이 남기고 간 부스러기라 할 수 있는 별똥별을 보며 소원을 빌어온 우리에겐 입이 딱 벌어질 스케일이라 하겠다.

태양계의 방랑자, 혜성은 태양이나 큰 질량의 행성에 대해 타원이나 포물선 궤도를 도는 태양계에 속한 작은 천체를 뜻하며, 우리말로는 살별이라고 한다. 혜성(彗星)의 '혜(彗)'가 '빗자루'라는 뜻에서도 알 수 있듯이, 빛나는 머리와 긴 꼬리를 가지고 밤하늘을 운행하는 혜성은 예로부터 고대인들에 의해 많이 관측되었다. 연대가 확실한 가장 오랜 혜성관측 기록으로는 기원전 1059년, 중국의 '주나라 때 빗자루별이 동쪽에서 나타났다'는 기록이다. 유럽에서는 기원전 467년 그리스 사람들이 혜성 기록을 남겼다. 그리스어로 혜성을 코멧(Komet)이라 하는데, 머리털을 뜻한다.

묘하게도 동서양이 혜성에 대해서는 하나의 일치된 관념을 갖고 있었는데, 그것은 혜성 출현이 불길한 징조라는 것이다. 왕의 죽음이나 망국, 큰 화재, 전쟁, 전염병 등 재앙을 불러오는 별이라고 믿었다. 고대인에게 혜성은 '공포의 대마왕'으로 두려움의 대상이었던 것이다.

혜성의 시차를 측정하여 혜성이 지구 대기상에서 나타나는 현상이 아닌 천체의 일종임을 최초로 밝혀낸 사람은 16세기 튀코 브라헤였고, 혜성이 태양계의 구성원임을 입증한 사람은 17세기 영국 천문학자 에드먼드 핼리였다.

1682년, 핼리는 어느 날 혜성을 본 후, 옥스퍼드 대학 도서관에 있던 옛날 혜성기록을 뒤져본 결과, 1456년, 1531년, 1607년에 목격된 혜성이 자기가 본 것과 비슷하다는 점을 깨닫고, "이 혜성은 불길한 일을 예시하는 별이 아니라, 거의 76년을 주기로 지구 주위를 타원궤도로 도는 천체로, 1758년 다시 올 것이다"라고 예언했다. 그는 자신의 예언을 확인하지 못하고 죽었지만, 과연 1758년 크리스마스 밤에 이 혜성이 나타난 것을 한 아마추어 천문가가 발견했다. 이로써 이 혜성이 태양을 끼고 도는 하나의 천체임이 증명되었고, 핼리의 업적을 기리는 뜻에서 '핼리 혜성'이라고 이름지어졌다. 가장 최근에 핼리 혜성이 나타난 해는 1986년이었고, 다음 방문은 2061년으로 예약되어 있다.

핼리 혜성과 『허클베리 핀의 모험』의 작가 마크 트웨인의 인연에 대해 잠시 알아보자. 핼리 혜성이 나타난 해(1835)에 태어난 마크 트웨인은 69세인 1904년 6월, 사랑하는 아내를 먼저 떠나보내고 깊은 충격에 빠졌다. 얼마 전에는 장녀를 병으로 잃었고, 또 1909년에는 딸 진이 세상을 떠났다. 노작가가 만년에 염세로 기운 것은 그 탓이었다. 그는 친구에게 이렇게 말했다. "나는 1835년 핼리 혜성과 함께 태어났지. 이제 내년에 핼리 혜성이 다시 온다네. 혜성과 함께 떠나고 싶어. 그렇지 못하다면 내 인생 최대의 실망을 느낄 것 같네." 숨을 거두는 날까지 우울하게 지내던 그에게 위안이 되어주었던 것은 당구와 역사, 과학책뿐이었다. 1910년 4월 21일, 핼리 혜성이 지구에 근접한 다음날 마크 트웨인은 심장마비로 세상을 떠났다. 그가 죽기 전에 그토록 보고 싶어하던 핼리 혜성이 나타난 다음날이었다.

이 핼리 혜성처럼 태양계 내에 붙잡혀 길다란 타원궤도를 가지고 주기적으로 태양을 도는 혜성을 주기 혜성이라 하고, 포물선이나 쌍곡선 궤도를 갖고 있어 태양에 딱 한 번만 접근하고는 태양계를 벗어나 다시는 돌아오지 않는 혜성을 비주기 혜성이라 한다. 또 주기 혜성은 200년 이하의 주기를 가지는 단주기 혜성과, 200년 이상 수십만 년에 이르는 주기를 가진 장주기 혜성으로 나뉜다.

혜성은 크게 머리와 꼬리로 구분된다. 머리는 다시 안쪽의 핵과, 핵을 둘러싸고 있는 코마로 나뉜다. 핵이 탄소와 암모니아, 메탄 등이 뭉쳐진 얼음덩어리라는 사실이 최초로 밝혀진 것은 1950년 하버드 대학의 천문학자 위플에 의해서였다. 그러니 혜성의 정체가 제대로 알려진 것은 반세기 남짓밖에 되지 않은 셈이다.

핵을 둘러싼 코마는 태양열로 인해 핵에서 분출되는 가스와 먼지로 이루어진 것으로, 혜성이 대개 목성궤도에 접근하는 7AU 정도 거리가 되면 코마가 만들어지기 시작한다. 우리가 혜성을 볼 수 있는 것은 이 부분이 햇빛을 반사하기 때문이다. 코마의 범위는 보통 지름 2만~20만km 정도로 목성 크기만 하기도 하고, 때로는 지구와 달까지 거리의 약 3배나 되는 100만km를 넘는 것도 있다.

혜성의 꼬리는 코마의 물질들이 태양풍의 압력에 의해 뒤로 밀려나서 생기는 것이다. 이 황백색을 띤 꼬리는 태양과 반대방향으로 넓고 휘어진 모습으로 생기며, 태양에 다가갈수록 길이가 길어진다. 꼬리가 긴 경우에는 태양에서 지구까지의 거리 2배만큼 긴 것도 있다니, 참으로 장관이 아닐 수 없을 것이다. 태양에 가까이 다가가면 두 개의 꼬리가 생기기도 하는데, 앞에서 말한 먼지꼬리 외에 가스 꼬리 또는 이온 꼬리라고 불리는 것이 생긴다. 태양 반대쪽으로 길고 좁게 뻗는 가스 꼬리는 이온들이 희박하여 눈으로는 잘 보이지 않지만, 사진을 찍어보면 푸른색을 띤 꼬리가 길게 뻗어 있는 것을 볼 수 있다.

근래에 온 혜성으로 단연 화제를 모았던 것은 1994년 7월 16일 목성과 충돌한 슈메이커-레비9 혜성이었다. 21개로 쪼개진 조각들이 목성의 남반구에 충돌했는데, 충돌 당시 전 세계 천문학자들의 관심을 모았으며, 방송에서는 큰 화제가 되기도 했다. 외계 물체 중 최초로 태양계의 물체에 충돌하는 장관을 약여하게 보여주었던 것이다.

혜성 탐사선으로 스타더스트 호가 1999년 2월에 발사되었다. 이 탐사선은 2004년 1월에 혜성 와일드 2로부터 표본을 채취해 지구로 돌아왔다. 또한 로제타 호는 2004년 3월에 발사되었는데, 67P/C-G 혜성에 착륙을 시도하기 위한 탐사선이다. 혜성 착륙 예정일은 2014년 11월 정도이며, 현재 혜성 궤도 접근을 위해 날아가고 있는 중이다.

혜성들의 고향

혜성은 어디에서 오는가? 혜성의 고향을 알기 위해서는 먼저 그 기원을 알지 않으면 안 된다. 널리 받아들여지는 혜성 기원론에 따르면, 혜성은 행성과 위성들이 만들어지고 남은 잔해이기 때문에 태양계만큼이나 오래된 천체라는 것이다. 이 잔해들이 해왕성 너머 30~50AU 공간에 납작한 원반 모양으로 분포하고 있는데, 이곳이 바로 단주기 혜성들의 고향으로 카이퍼 대라 한다.

장주기 혜성의 고향은 그보다 훨씬 멀리, 5만~15만AU가량 떨어진 오르트 구름이다. 지름 약 2광년으로, 거대한 둥근 공처럼 태양계를 둘러싸고 있는 오르트 구름은 수천억 개를 헤아리는 혜성의 핵들로 이루어져 있다. 탄소가 섞인 얼음덩어리인 이 핵들이 가까운 항성이나 은하들의 중력으로 이탈하여 태양계 안쪽으로 튕겨들어 혜성이 되는 것이다. 이 혜성은 온도가 매우 낮은 태양계 바깥쪽에 있었기 때문에 태양계가 탄생할 때의 물질과 상태를 수십억 년 동안 그대로 지니고 있는 만큼 태양계 탄생의 비밀을 간직한 '태양계 화석'이라 할 수 있다.

단주기 혜성의 경우, 태양에서 목성과 해왕성 사이를 타원궤도를 그리며 운동한다. 태양계 내의 천체가 태양에서 가장 멀리 떨어져 있을 때의 거리를 원일점, 가장 가까이 있을 때의 거리를 근일점이라 하는데, 단주기 혜성은 원일점의 위치에 따라 목성족, 토성족, 천왕성족, 해왕성족으로 나뉜다. 예컨대 가장 짧은 3.3년 주기의 엥케 혜성은 목성족, 76년 주기의 핼리 혜성은 해왕성족에 속한다. 장주기 혜성은 해왕성 바깥까지 갔다가 되돌아오는 길쭉한 타원궤도로, 대부분의 혜성이 이에 속한다. 원일점은 대략 1만~10만AU 정도 거리에 있다.

우주 속에 영원한 것이 어디 있으리오마는, 혜성의 경우는 더욱 극적이다. 태양의 인력에 이끌려 태양계 안으로 들어온 혜성들은 각기 다른 운명을 겪는데, 태양과 행성들의 인력에 따라 궤도가 달라져, 어떤 것은 태양계 밖으로 밀려나 다시는 돌아오지 못하고 우주의 미아가 되거나, 행성의 강한 인력으로 쪼개지기도 한다. 또 어떤 것은 태양이나 행성에 충돌하여 최후를 맞는 경우도 있다. 1994년 슈메이커-레비9 혜성이 여러 조각으로 깨어진 후 목성에 충돌한 것이 그 좋은 예다.

보통 혜성은 서울시만 한 크기로, 혜성이 태양을 방문할 때마다 핵에서 약 1억 톤가량의 물질을 방출하기 때문에 핵 표면이 약 3m

씩 줄어든다고 한다. 엥케 혜성은 천 번, 곧 3300년 후, 핼리 혜성은 7만 6천 년 후엔 수명을 다하게 된다. 하지만 수십, 수백억 년을 사는 별에 비한다면 이것 역시 찰나의 삶이라 할 수 있다.

혜성은 궤도를 운행하면서 티끌이나 돌조각들을 궤도상에 흩뿌리는데, 이러한 혜성의 입자들이 혜성 궤도 주위에 모여 있는 것을 유성류(流星流)라 한다. 공전하는 지구가 이 유성류 속을 지날 때 지구 대기와의 마찰로 불타며 떨어지는데, 이것을 유성 또는 별똥별이라 하며, 많은 유성이 무더기로 떨어지는 것을 유성우(流星雨)라 한다. 유성우는 지구 대기권으로 평행하게 떨어지지만, 우리가 보기에는 하늘의 한 곳에서 떨어지는 것처럼 보인다. 이 중심점을 복사점이라 하고, 복사점이 자리한 별자리의 이름을 따라 유성우의 이름이 정해진다.

유성우 중에서는 특히 사자자리 유성우가 유명한데, 주기 33년의 템펠-터틀 혜성이 연출하는 것으로서, 매년 11월 17일과 18일을 전후하여 시간당 십수 개에서 많은 경우 수십만 개의 유성이 떨어진다. 평상시에는 시간당 10~15개의 유성이 떨어지는 볼품없는 유성우이지만, 33년을 주기로 공전하는 템펠-터틀 혜성이 통과한 직후에는 시간당 수백에서 수십만 개의 유성이 떨어져 장대한 천체 쇼를 연출한다. 1966년 북미 동부에 분당 1천 개 이상의 엄청난 유성우가 온 하늘을 뒤덮을 정도로 대장관을 펼쳤다고 한다.

혜성이 지구가 형성되기 전부터 존재했다는 것은 알려져 있지만, 아직도 혜성의 많은 부분은 신비에 싸여 있다. 어떤 학자들은 혜성이 가져다준 물이 지구의 바다를 만들었다고 주장하기도 하고, 어떤 학자들은 지구에 생명의 씨앗과 생명의 물질을 공급해왔다는 주장도 한다. 중생대 말 공룡을 비롯한 지구상의 생물 대부분을 멸종시킨 거대한 재앙의 근원이 혜성 충돌 때문이라는 주장은 거의 정설로 굳어져가고 있다. 만약 이러한 주장들이 사실이라면 혜성은 지구 생명의 창조자이자 파괴자이며, 인류의 미래와 운명에 직결되어 있는 존재인 셈이다.

마지막으로 장주기 혜성 하나만 소개하고 혜성 이야기를 끝내도록 하자. 1975년에 발견된 웨스트 혜성은 원일점이 13560AU로, 현재까지 가장 긴 주기를 가진 혜성의 하나로 기록되어 있는데, 그 주기가 무려 55만 8300년이다. 지난 75년에는 태양을 지나친 뒤 네 조각으로 쪼개지면서 장관을 연출했던 웨스트 혜성의 다음 도래년은 서기 560282년이다. 우리 인류가 문명사를 엮어온 것이 고작 5천 년인데, 과연 그때까지 살아남아 웨스트 혜성이 태양을 향해 시속 34만km로 돌진해가는 장관을 다시 볼 수 있을까? ✴

웨스트 혜성 주기가 무려 55만 8300년인 웨스트 혜성. 1975년에 왔다. 다음 도래년은 서기 560282년이다.

중력이론의 모순을 지적한 벤틀리의 역설

뉴턴의 『프린키피아』는 출간되자마자 많은 논쟁을 불러일으켰다. 그중에는 '우주는 유한한가, 무한한가'라는 유서 깊은 논쟁도 있었다. 예리한 논리로 우주는 태어난 지 오래지 않다고 추론했던 로마의 철학자 루크레티우스는 이에 대해 다음과 같은 결론을 내렸다.

"우주는 모든 방향으로 무한히 뻗어 있다. 만일 우주에 끝이 있다면 그 끝을 이루는 경계가 있어야 하고, 이는 곧 우주의 바깥에 또 무언가가 존재한다는 뜻이다. 그런데 우주를 이루는 모든 차원들은 아무런 방향성도 없고, 그 바깥에 무언가 존재한다는 것도 확인된 바 없으므로 우주는 끝이 없어야 한다."

뉴턴의 중력이론은 우주가 유한하든 무한하든 모순을 피할 수 없게 된다. 벤틀리라는 한 성직자가 뉴턴에게 편지를 보내 이 점을 지적했다. 곧, 우주가 만약 유한하다면, 모든 우주 안의 별들은 인력으로 한데 뭉쳐져 처참한 종말을 맞을 것이고, 우주가 무한하다면, 임의의 물체를 모든 방향에서 잡아당기는 힘도 무한할 것이므로 모든 별들이 산산조각나 혼돈에 찬 종말을 맞게 될 것이라는 요지의 역설이었다. 이것이 바로 중력이론을 우주에 적용할 때 나타나는 역설적인 결과를 최초로 지적한 '벤틀리의 역설'이다.

뉴턴 역시 중력이론의 모순을 알고 있었다. 심사숙고 끝에 내놓은 뉴턴의 대책은 이런 것이었다. "우주 공간에 떠 있는 하나의 별이 무한히 많은 다른 별들에 의해 당겨지고 있다면, 오른쪽으로 끌어당기는 힘과 왼쪽으로 끌어당기는 힘이 서로 상쇄될 것이다. 모든 별들이 이런 식으로 균형을 이루고 있기 때문에 정적인 우주가 유지된다. 그러려면 우주는 무한하며 균일해야 한다."

그러나 이 정적인 균형은 위태로운 것이다. 별 하나만 요동쳐도 일시에 균형이 와해되어 파국을 맞을 수 있기 때문이다. 신심이 돈독했던 뉴턴은 신의 자비를 구하며 다음과 같이 편지를 마무리했다. "태양과 항성들의 중력에 의해 한 점으로 붕괴되지 않으려면 전지전능한 신의 기적이 계속해서 일어나야 할 것입니다."

지금 보면 황당한 얘기처럼 들릴 수도 있는 말이지만, 『프린키피아』 자체를 인간에게 신의 길을 가르치기 위한 노작으로 보는 뉴턴으로서는 무난한 결론이기도 할 것이다. 오히려 과학이란 단지 물리적 우주를 이해하려는 시도일 뿐이라는 현대의 견해를 뉴턴이 듣는다면 크게 놀랄 것이 틀림없으니까.

끝으로 위 역설의 정답은 빅뱅우주론이다. 잘 알다시피 우주는 결코 뉴턴의 생각처럼 정적이 아니며, 인력에 반하는 팽창력이 척력으로 작용함으로써 지금의 상태를 유지하고 있는 것이다.

우주는 진화하고 있다, 칸트의 우주진화론

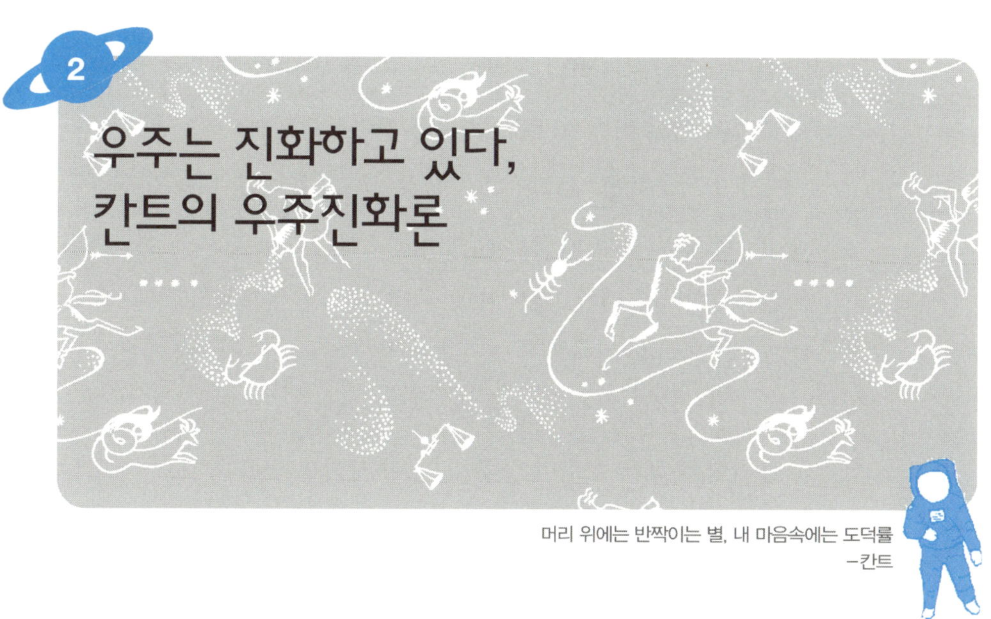

머리 위에는 반짝이는 별, 내 마음속에는 도덕률
―칸트

철학사에 큰 산맥으로 남아 있는 임마누엘 칸트가 사실 그 시대에 누구보다 앞선 우주론자였다는 사실을 아는 사람은 그리 많지 않은 것 같습니다. 심지어 그가 당시에 그려 보였던 우주의 그림은 그 시대보다 200년이나 앞선 것이었습니다. 200년 뒤에 칸트의 말이 맞았다는 것이 증명되었다는 얘기죠. 놀랍지 않습니까?

뉴턴 역학이 가져온 가장 큰 변혁은 아리스토텔레스 세계관의 붕괴였습니다. 세계를 천상계와 지상계 둘로 쪼개고, 그 소통을 금지시켰던 아리스토텔레스 체계는 만유인력의 법칙을 들고나와, 천상이든 지상이든 중력의 법칙이 온 우주를 관통한다는 뉴턴의 역학 앞에서 더 이상 버틸 수 없었던 것은 당연했습니다.

여기서 천문학은 새로운 전기를 맞이하게 됩니다. 기왕의 천문학에서는 천상은 불변 완전한 세계이고 천체들은 올림포스 신들처럼 신성한 존재였습니다. 한데 뉴턴 물리학의 등장으로 그것들 역시 지구처럼 질량을 가지고 중력으로 빈틈없이 묶여 있는 물체임이 밝혀지게 된 것이죠. 즉, 지상의 물리학은 천상에서도 적용되며, 지상의 물리학을 통해 우주의 상황을 알 수 있다는 믿음을 갖게 된 겁니다. 인간의 몸은 비록 지상에 매여 있지만, 우리의 지성은 온 우주로 확장될 수 있다는 믿음이었습니다.

중력을 모르던 시대에는 응당 모든 천체는 항성천구에 붙어 있는 점으로 보았습니다. 그런데 하늘의 천체들이 질량을 가진 물체라는 사실이 알려지면서 하나의 흥미로운 문제가 제기되었지요. 천체들의 내력, 곧 우주의 역사라는 문제에 눈을 뜨게 된 것이죠. 이전에는 사실 태양계라는 개념조차 없었습니다. 태양계라는 개념이 생긴 것은 17세기 말에 이르러서였죠.

그럼 이 태양계는 언제 어떻게 형성되었을까요? 세계의 탄생과 멸망에 관한 이론들은 고래로 각 문명권마다 있었지만, 오랜 시간 동안 인류는 이러한 생멸 이론을 태양계에 접목할 생각을 하지 못하다가, 뉴턴 이후에야 비로소 천체 형성에 관한 이론들이 나타나기 시작했던 것입니다.

최초로 태양계 형성에 대해 주목할 만한 이론을 발표한 사람은 뉴턴 사후, 프랑스의 철학자이자 박물학자인 조르주 드 뷔퐁이었습니다. 18세기 중반이었는데, 뉴턴에 깊이 영향 받은 뷔퐁은 태양계는 공통의 기원을 갖고 있으며, 그 기원은 혜성이 태양에 충돌해 거기서 물질들이 빠져나옴으로써 비롯되었다는 주장을 펼쳤습니다.

물질들은 중력으로 인해 뭉쳐져 둥근 형태를 이루었으며, 서서히 식어 행성이 되었고, 더 작은 덩어리들은 위성이 되었다는 것이죠. 실제로 두 개의 천체가 충돌하는 것은 우주에서 다반사로 일어나는 일입니다. 심지어 은하들도 충돌하고 있습니다. 우리은하도 안드로메다 은하와 결국 충돌할 것으로 예상되고 있습니다. 약 30억 년 후에. 그러니 미리 걱정할 일은 아니죠. 뷔퐁의 혜성 충돌설은 최초의 본격적인 태양계 형성설로 기록되었습니다. 이로써 뷔퐁은 '우주 파국 이론'의 창시자가 되었지요.

뷔퐁의 뒤를 이어 태양계 형성설을 들고나온 사람은 놀랍게도 철학자 임마누엘 칸트였습니다. 사실 칸트는 뉴턴의 역학에 매료되어 대학에서 수학과 물리학을 공부했다고 합니다. 나중에는 대학에서 물리학 강의를 하기도 했고요. 당시 수학과 물리학은 자연철학으로 간주되어 철학 영역에 속했습니다.

칸트는 31살인 1755년에 「천계의 일반자연사와 이론」이라는 논문을 발표했는데, 여기서 뉴턴 역학의 모든 원리를 확대 적용해 우주 발생을 역학적으로 해명하려 했습니다. 이것이 뒷날 유명한 '칸트-라플라스 성운설'로 알려진 우주 발생 이론입니다. 뉴턴이 생성 운동의 기원을 신의 '최초의 일격'으로 돌린 데 반해, 칸트는 우주의 생성과 진화에 사용되는 힘들을 물질에 내재하는 중력과 척력(반발 작용), 그리고 그 안에서 대립되는 힘이라고 생각했습니다.

이 설에 따르면 이렇습니다. 원시 태양계는 지름이 몇 광년이나 되는 거대한 원시구름인 가스 성운이 그 기원입니다. 천천히 회전하던 이 원시구름은 점점 식어가면서 중력에 의한 수축이 이루어져 회전이 빨라져갑니다. 그러다가 마침내 그 중심부에 태양이 탄생되고 주변부에는 여러 행성들이 만들어졌다는 것이죠.

이와 같은 성운설은 행성들의 동일 평면상에서의 운동, 공전방향과 태양의 자전방향과의 일치 등을 잘 설명할 수 있다는 점에서 최초의 과학적인 태양계 기원설로 널리 받아들여졌습니다.

칸트의 성운설은 한마디로 이렇습니다. 태양을 비롯하여 행성, 위성, 혜성들이 원초적인 근본물질들에서 분리되어 우주 공간을 채웠으며, 그 안에서 형성된 천체들이 태양계 공간을 운행하게 되었다는 것이죠. 칸트의 다음과 같은 추론은 현대 생물학자들의 견해에 근접하는 놀라운 예지의 소산이라 하지 않을 수 없습니다.

"이런 식으로 채워진 공간에서 고요함이 지속되는 것은 일순간일 뿐이다. 원소들은 서로를 움직이게 하는 힘을 가지고 있으며, 그것들 자체가 생명의 근원이다. 물질은 형태를 이루려고 분투한다. 흩어진 원소들 중 밀도가 높은 것은 가벼운 원소들을 주위로 끌어들인다."

『정신과 자연』의 저자인 영국의 생물학자 그레고리 베이트슨이 그의 책 안에서 "원자는 스스로 생명을 지향하는 것처럼 보인다"라는 말과 너무나 흡사한 주장입니다!

이렇게 하여 원시 태양계 형성의 얼개를 만든 칸트는 별들에 대해서도 기왕의 이론들과는 사뭇 다른 주장을 펼쳤습니다. 칸트는 직접 망원경으로 하늘을 관측하기도 했다고 합니다. 칸트는 별들 역시 태양과 다를 바 없는 존재로, '비슷한 체계 안에 들어 있는 중심'이라고 보았습니다. 정곡을 찌르는 해석 아닙니까?

이로써 태양계와 별들 사이의 관계를 정립한 칸트는 한 걸음 더 나아가, 이러한 원리를 은하계로까지 확대했습니다. 그는 은하계가 거대한 렌즈 모양을 하고 있으며, 별들이 은하 적도 부근에 밀집해 있다고 주장했습니다. 그리고 우리의 항성계가 다른 우주의 체계들, 성운들과 비슷하다고 보았습니다. 이러한 얼개가 칸트의 우주 진화론입니다. 칸트는 자신의 우주론에 대해 갖고 있는 깊은 믿음을 다음과 같이 표현했습니다.

"나는 어떤 꾸밈도 없이, 운동 법칙대로 잘 정돈된 세계가 생겨나는 것을 보면서 만족한다. 그것은 우리 눈앞에 펼쳐져 있는 우주와 아주 비슷해 보이므로, 나는 그것을 진실로 간주하지 않을 수 없다."

칸트는 망원경으로 밤하늘에서 빛나는 나선 형태의 성운을 관측하기도 했던 모양입니다. 그 결과, 안드로메다자리에 보이는 M31[5]이 수많은 별들로 구성된 또 하나의 은하일 것이라는 구체적인 제안을 하기도 했습니다. 이러한 나선형 성운에 '섬 우주(island universe)'라는 멋진 이름을 붙여주기까지 했습니다.

지금이야 이런 성운들이 외부 은하임이 밝혀졌지만, 당시만 해도 우리은하 내부의 성간운이라는 주장이 널리 퍼져 있었지요.

칸트의 이러한 우주진화론이 창조자인 신을 배제한 것은 결코 아닙니다. 신을 중심으로 한 목적론적 질서와 조화라는 견해에 부합하는 것이라고 할 수 있습니다. 오히려 칸트는 이러한 자신의 시도가 우주의 기계적 완벽성을 순수하게 역학적으로 설명한 것인 만큼 신의 완전성과 합목적성의 증거가 된다고 믿었습니다.

하지만 칸트의 우주진화론은 당시에 널리 받아들여지지 않았습니다. 어쩌면 당연한 일이기도 했지요. 학자들은 수학적으로 계산할 수 있는 것 외에는 잘 인정하려 하지 않기 때문입니다. 천문학자들 사이에는 '닥치고 계산'이라는 말을 자주 합니다. 공론은 필요없으니 수학으로 검증하라는 뜻이죠. '더 나은 시대를 위해 유보되어 있었던' 칸트의 우주진화론은 그들이 보기엔 너무 직관적이고 공론처럼 비쳤던 것이죠. 그러나 뒤이어 나타난 아마추어 천문학자 허셜이 놀라운 발견들을 거듭하면서 칸트의 진화론을 뒷받침했습니다. 바로 천왕성을 발견하여 하룻밤 새 태양계의 크기를 두 배로 늘린 허셜 말입니다.

160cm가 안 되는 조그만 키에, 80평생 고향 쾨니히스베르크에서 100마일 이상을 나가본 적이 없으면서도 우주를 누구보다 멀리 내다보았던 사람, 하루도 빠짐없이 매일 오후 우주의 시계추처럼 일정한 시간에 산책을 다녔던 사람, 노년에 이르도록 깊이 우주를 사색했던 철학자……. 이런 것들이 천문학자 칸트를 규정할 수 있

는 몇 가지 요소들이죠.

평생을 독신으로 살았던 칸트에게도 한 번은 결혼할 뻔한 적이 있었답니다. 마을 처녀에게 청혼을 하여 승낙까지 받았는데, 머릿속엔 늘 이런저런 생각으로 가득하고, 망설여지기도 하고, 또 깜박하기도 하면서, 이러구러 세월을 죽이다가, 어느 날 갑자기 그 처녀와 결혼해야겠다는 생각이 들어 한껏 차려입고는 처녀의 집엘 갔지요. 아뿔싸! 이게 웬일입니까. 벌써 20년 전에 이사를 갔다는 거 아닙니까. 황당하죠. 칸트가 말입니다. 이게 칸트 생애에 있었던 로맨스의 총량입니다.

1804년 2월 12일 새벽, 칸트는 늙은 하인이 건넨 포도주 한 잔을 마시고는 "그것으로 좋다"는 말을 마지막으로 남기고 향년 80세로 삶을 마감했습니다. 대철학자의 마지막 말 치고는 참으로 소박하죠. 조선의 대철학자 퇴계의 묘비명이 생각납니다. 역시 소박하죠. 하지만 아름답습니다. "조화를 좇아 사라짐이여, 다시 무엇을 구하리오."

끝으로, 놀라운 직관과 예지로 그 시대의 어느 누구보다 우주의 진면목에 다가갔던 칸트의 묘비명을 음미하며 칸트를 접기로 하죠.

"생각하면 할수록 내 마음을 늘 새로운 놀라움과 경외심으로 가득 채우는 것이 두 가지 있다. 하나는 내 위에 있는 별이 빛나는 하늘이요, 다른 하나는 내 속에 있는 도덕률이다."

인간과 우주의 관계를 이보다 깊이, 그리고 아름답게 표현한 말을 들어본 적이 없습니다.

3

우주는 휘어져 있다, 아인슈타인

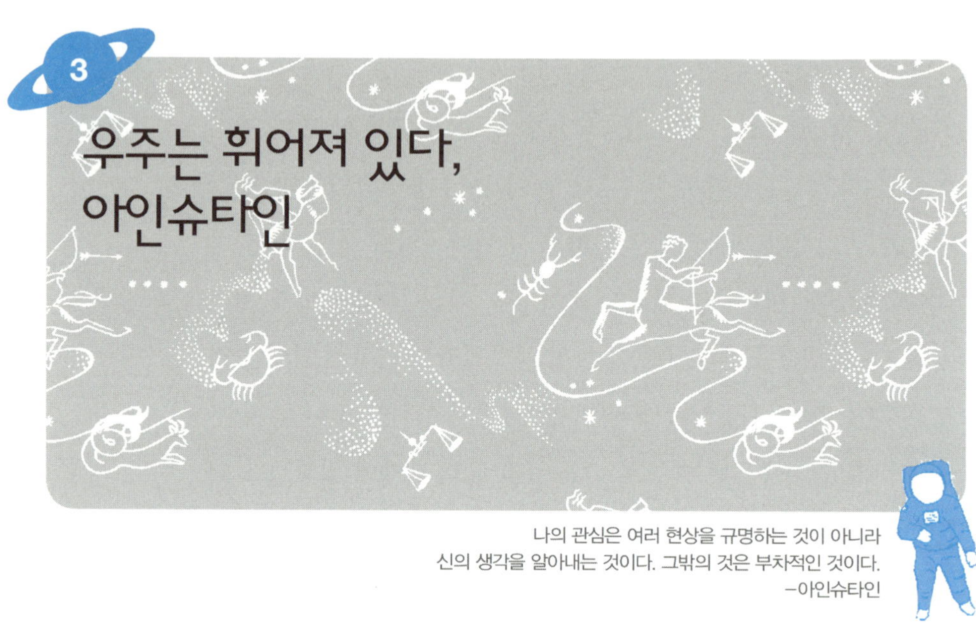

나의 관심은 여러 현상을 규명하는 것이 아니라
신의 생각을 알아내는 것이다. 그밖의 것은 부차적인 것이다.
—아인슈타인

우리는 지금까지 둥근 천구로 둘러싸인 조그만 이글루 같은 우주에서 시작해서, 이 드넓은 태양계도 손바닥에 지나지 않은 광대한 은하에까지 이르렀습니다. 그리고 또 더 나아가서, 이런 은하까지도 작은 조약돌에 지나지 않은 대우주가 우리 앞에 펼쳐져 있다는 선지자 칸트의 이야기를 들었습니다(물론 이것은 나중에 과학적인 증명을 기다리고 있습니다).

그럼, 이 우주라는 광대무변한 공간이 한도 끝도 없이 펼쳐져 있다는 말일까요? 관념과 상상 속에만 있다고 생각되던 무한이란 게 현실세계에서 과연 존재할 수 있을까요? 유한한 인간의 두뇌로 무한을 생각한다는 것 자체가 무리일지도 모릅니다.

이 우주란 공간이 여기저기 천체와 은하들이 흩어져 있는 단순한 공간, 우리가 생각하던 그런 공간이 아니라는 사실, 말하자면 우주 공간의 본연한 성격을 규명해준 사람이 20세기 초에 홀연히 인류 앞에 나타났습니다. 그야말로 '홀연히' 말입니다. 만약 이 사람이 아니었더라면 인류는 더 오랜 시간을 기다릴 수밖에 없었을 것이기 때문이죠.

그가 누구일까요? 바로 스위스의 특허청에 근무하던 말단 직원, 26세의 아인슈타인입니다. 그가 사무실에서 상사의 눈치를 슬금슬금 보면서 완성시킨 특수상대성원리, 일반상대성원리의 어려운 개념을 설명하는 건 생략하기로 하고요, 그 결과물들만 간략히 훑어보기로 하죠.

먼저, 특수상대성은 '빛의 속도는 누구에게나 항상 같은 값으로 측정된다'는 광속도 불변의 원칙 위에 세워진 것입니다. 이 이론에 따르면 우주 어디에도 관찰자에 전혀 상관없는 '절대공간'과 '절대시간'이란 개념은 존재하지 않으며, 시간과 공간은 각각 관찰자에 따라 정의될 뿐이라는 것이죠. 아인슈타인은 특수상대성이론으로 공간과 시간은 별개의 것이 아님을 보였습니다.

이 이론에서 운동하는 계와 정지해 있는 계에서 관측한 동일한 사건의 시간이 서로 다르게 측정됨을 보이는데, 이는 운동을 매개로 시간과 공간이 서로 얽혀 있다는 것을 뜻하는 거지요. 말하자면,

시간과 공간은 분리될 수 없으며, 모든 존재에 대해 상대적이라는 겁니다.

예를 들어 2광년 간격을 두고 서 있는 A, B 가로등 두 개를 생각해봅시다. 두 가로등의 불이 동시에 들어왔을 때, 그 정중앙에 있는 사람에게 두 가로등은 동시에 불이 켜진 걸로 관측되지만(관측 시점에서 1년 전이겠지요), A가로등에서 바깥으로 1광년 떨어진 곳에 있는 관측자에게는 B가로등이 2년 후에 켜진 걸로 관측됩니다. 하지만 두 관측자의 보고는 다 맞습니다. 이처럼 이 4차원 시공간에서는 자신에 의해 의미가 부여되는 자신의 세계가 있을 뿐, 어느 세계가 진실이고 어느 세계가 거짓이라고 말할 수 없다는 것이죠.

아인슈타인의 특수상대성이론은 이제껏 믿어왔던 우리의 경험 세계 상당 부분을 포기해야 한다고 말합니다. 우리가 절대 변하지 않을 것이라고 생각했던 물리량도 관측자에 따라 변하는 상대적인 것임을 인정해야 한다는 뜻이죠. 관측자의 상태에 따라 길이는 물론, 시간과 질량마저 다른 값으로 측정되어야 한다는 것은 참으로 받아들이기 어려운 대목이 아닐 수 없습니다. 우리가 가지고 있는 기존의 시간과 공간 개념을 바꾸지 않으면 상대성이론을 받아들일 수가 없다는 것을 뜻하죠. 달리는 기차는 길이가 짧아지고, 질량이 늘어나며, 시간은 느리게 갑니다.

이렇게 아인슈타인은 시간과 공간을 시공간이라는 하나의 체계 속에 통합시켰습니다. 위대한 사상은 모두 이렇게 일체동근의 정신이 있는 모양입니다.

이뿐만이 아닙니다. 일체동근은 또 있습니다. 특수상대성이론은 '물질과 에너지는 같은 것이다'라고 선언합니다. 양자는 존재의 두 가지 형식으로, 서로 동등하며 서로 변환할 수 있다. 곧, 물질은 얼어붙은 에너지라는 거죠. 질량과 에너지의 등가 관계를 나타내는 그 유명한 식은 다음과 같습니다. 가장 유명한 공식이죠.

$$E = mc^2 \text{ (E는 에너지, m은 질량, c는 진공 속에서의 빛의 속도).}$$

이것을 들여다보면 다 들어 있습니다. 에너지, 물질, 빛이 다 하나로 어우러져 있잖습니까. 놀라운 일이죠. 이 공식의 위력은 이미 히로시마에서 입증되었지요. 원자탄으로 말입니다. 무슨 고담준론 같고 선문답같이 들리던 물리이론이 이렇게 현실적일 줄을 누가 알았겠습니까. 인류는 그것을 처음으로 경험하고는 경악했습니다. 또한 이 식을 통해 별은 무엇으로 반짝일까 하는 별의 비밀도 자연스럽게 풀렸습니다. 별의 내부에서 핵융합이 일어나 질량이 막대한 에너지로 변환됨으로써 별이 그토록 오랜 기간 밝은 빛을 뿜어낼 수 있다는 것이죠.

아인슈타인의 제2탄은 한마디로 중력이론입니다. 그것은 「일반상대성이론에 대한 우주론적 고찰」이라는 제목으로 발표되어 과학계에 커다란 반향을 불러일으켰습니다. 이 일반상대성이론은 중력이론이 어떻게 우주의 탄생인 대폭발 이론에까지 이르게 되는지를 말해주는 것입니다. 특수상대성이론은 아인슈타인이 아니라도 누군가가 그와 똑같은 결론에 다다랐을 것이라고 얘기합니다. 그것도 5년 이내에. 하지만 일반상대성이론만큼은 그 시대의 어느 누구도 생각지 못했으며, 인류 역사상 가장 위대한 지적 산물의 하나라는 평가를 받고 있습니다.

이처럼 위대한 이론이었지만 아인슈타인은 이것으로 노벨상을 받지는 못했습니다. 다른 이론으로 받았는데, 16년 후 광양자설 이론이 채택된 것이죠. 아인슈타인은 첫 부인 밀레바와 이혼하면서, 노벨상을 타면 위자료로 주겠노라고 외상을 달아놓았었는데, 이때 받은 상금은 그 위자료 외상값 갚는 데 몽땅 썼다고 합니다.

여기서 일반상대성이론에 대해 간단히 살펴보도록 하죠. 이것은 모든 가속계에서 같은 물리법칙이 성립한다는 상대성 원리, 그리고 중력질량과 관성질량은 동등하다는 등가원리를 기둥으로 해서 세워진 이론입니다. 즉, 가속도는 본질적으로 중력과 같다는 생각이 등가원리죠. 이를 다른 말로 하면, 관성질량과 중력질량은 같다는 뜻입니다. 여기서도 일체동근, 또 합쳐지네요. 까다로운 개념 풀이는 생략하고, 이 이론에 따라 나타나는 결과물만 대충 보기로 하죠.

가속도는 본질적으로 중력과 같은 것이라는 등가원리는 단순히 중력질량과 관성질량이 같다는 것 이상의 의미를 지니고 있습니다. 가속도를 중력으로 바꾸어버림에 따라 가속계를 만들어내는 효과가 곧 중력효과가 되는 셈이죠. 여기서 빛이 중력장에서 휘어간다는 결론이 나오게 됩니다.

예컨대, 무중력 상태의 우주 공간을 가속 운동하는 우주선이 달려가고, 그 우주선 창으로 빛이 수직으로 들어왔다고 하죠. 이때 빛은 우주선 맞은편 벽에 직진하여 꽂히지 않고 약간 아래쪽에 꽂힐 겁니다. 마치 화살처럼 말이죠. 이는 지상에서 던져진 공이 직선운동과 낙하운동이 결합되면서 포물선 궤도를 그리는 것과 마찬가지죠. 우주선 창으로 들어온 빛의 운동은 이처럼 우주선의 가속운동으로도 설명할 수 있고, 중력장의 효과로도 설명할 수 있습니다. 곧, 빛도 중력장에 의해 진행경로가 굽을 수 있다는 것을 보여주는 것이죠.

아인슈타인은 빛의 경로가 직선이 아니고 휘어진다면 이는 곧 공간이 휘어져 있기 때문이라고 보았습니다. 놀라운 착상이죠. 빛의 경로는 공간의 성질을 드러내준다고 본 겁니다. 그래서 아인슈타인은 "오직 빛만이 우주 공간의 본질을 밝혀주는 지표다"라고 말했습니다.

여기서 아인슈타인의 중력이론이 내리는 결론은 '중력이란 좌표계의 가속운동으로 일어나는 일종의 가상의 힘'이라는 것입니다. 이 가속운동은 물체가 굽은 공간을 지나갈 때 그 물체가 지닌 관성운동 때문에 일어나며, 큰 질량체는 주변 공간을 구부러뜨리고, 이 굽은 공간을 물체가 통과할 때는 반드시 가속을 받게 되는데, 물체가 중력을 느끼는 것은 바로 이 공간의 곡률 때문이라는 거죠. 참으로 기발하고도 의표를 찌르는 해석이죠.

결국 아인슈타인은 일반상대성이론에서 중력은 뉴턴이 주장했던 것처럼 두 물체 사이의 원격작용에 의해 작용하는 힘이 아니라,

휘어진 시공간의 곡률 때문에 작용한다는 결론에 도달했던 것입니다. 미국의 물리학자 존 휠러는 이것을 "물질은 공간의 곡률을 결정하고, 공간은 물질의 운동을 결정한다"라는 말로 표현했습니다.

이리하여 가속도에서 출발한 일반상대성이론은 결국 중력이론으로 변신하여 우주 구조의 근본적인 문제에 대한 해석 틀을 제공해주었습니다. 모든 우주론의 모태가 되었던 것이죠. 우주에 대해 근원적인 질문들, 곧 우주는 어떻게 태어났는가, 우주는 얼마나 큰가, 우주는 끝이 있는가 하는 문제들에 대한 답을 말해주는 이론임이 밝혀졌던 겁니다. 이로써 인류는 최초로 우주의 탄생과 진화에 대해 수학적으로 이해할 수 있는 틀을 가지게 된 것입니다.

현대의 우주론은 아인슈타인의 이 일반상대성이론으로부터 출발했다고 해도 과언이 아닙니다. 이후 우주의 비밀을 풀어줄 통일장 이론[6]의 연구에 생애를 바친 아인슈타인은 자신의 연구에 대해 다음과 같은 말을 남겼습니다.

"나는 신이 이 세상을 어떻게 창조했는지 알고 싶다. 나의 관심은 이런저런 현상을 규명하는 것이 아니라, 신의 생각을 알아내는 것이다. 그 나머지는 모두 부차적인 문제에 불과하다."

그리고 자신이 믿는 신에 대해 이렇게 말했습니다.

"나는 인간의 일상사에 개입하여 운명을 좌우하는 신을 믿지 않는다. 그보다는 모든 존재에 질서와 조화를 부여하는 스피노자의

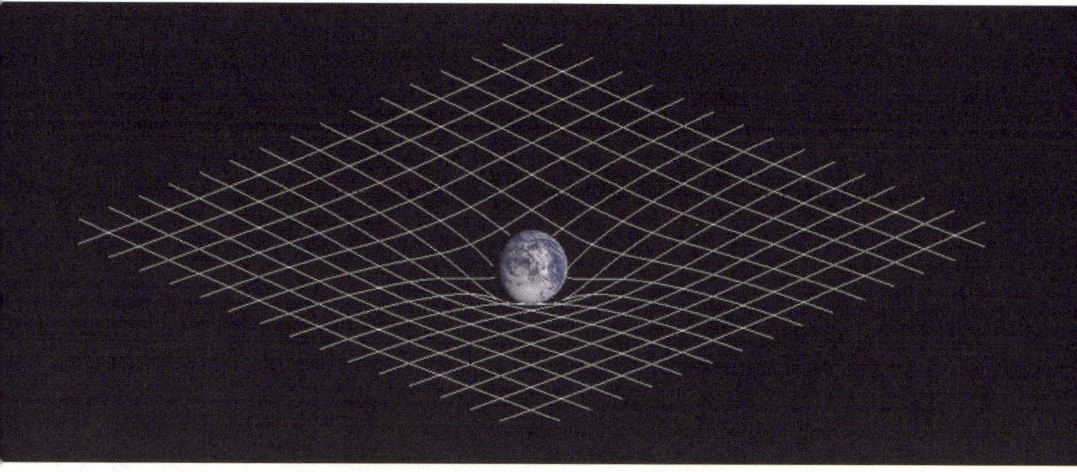

굽은 공간 물질은 공간을 휘게 한다. "물질은 공간의 곡률을 결정하고, 공간은 물질의 운동을 결정한다."

신을 믿는다!"

그럼 일반상대성이론이 지배하는 우주는 어떤 우주일까요? 일반상대성이론은 질량이 공간을 굽힌다고 했습니다. 따라서 우주의 질량밀도가 우주 공간의 크기를 결정합니다. 만약 우주 전체의 질량이 충분히 크고 우주의 크기가 충분히 크지 않다면, 우주 공간 자체가 안으로 짜부라지게 됩니다. 그러면 빛은 한없이 직진하는 게 아니라, 결국은 굽은 공간 때문에 휘어서 돌아오게 되는 것이죠.

만약 우리가 아주 강력한 레이저 광선을 한 방향으로 쏜다면 그 빛줄기는 어떻게 될까요? 단, 어떤 천체나 성간 물질에도 차단당하지 않는다는 가정을 하고요. 아인슈타인의 일반상대성이론이 들려주는 답에 의하면, 그 빛줄기는 언젠가 돌아와 우리의 뒤통수를 치게 됩니다. 우리가 그때까지 살아 있기만 한다면. 왜냐하면 일반상대성이론에 따르면, 이 우주는 우주 안을 채우고 있는 물질들로 인해 시공간이 휘어져 있고, 또 경계가 없지만 유한하기 때문에 우리가 쏜 빛줄기는 결국 우주를 한 바퀴 돌아 출발한 자리로 되돌아온다는 것입니다.

우주가 경계는 없지만 유한하다는 말이 도대체 무슨 뜻일까요? 물리학자들의 설명은 이렇습니다. '인간은 3차원 존재이므로 4차원 이상의 것에 대해서는 감각적으로 느낄 수가 없다. 공간이 굽어 있다는 것을 이해하려면 2차원 구면을 생각해보면 된다. 구면은 경계가 없지만 유한하다. 그리고 중심도 가장자리도 없다. 이처럼 우주도 중심도 가장자리도 없는 4차원 시공간이라는 뜻이다.' 이해가 되십니까? 저도 이해되는 것 같기도 하고 여전히 알쏭달쏭하기도 합니다.

반대로, 우주 전체의 질량밀도가 충분히 크지 않는 경우를 봅시다. 이 경우 우주의 곡률은 전체 우주를 짜부라지게 할 만큼 크지는 못할 것이고, 그러한 상황은 경계가 없는 무한 우주를 만들어갈 것입니다.

또 다른 가능성으로는, 만약 우주의 물질이 임계밀도($1m^3$당 수소원자 10개)와 균형을 이룬다면, 우주는 평탄한 상태를 유지하며 영원히 팽창할 거라고 합니다.

우리가 살고 있는 우주가 과연 닫혀 있는가, 열려 있는가 하는 것은 아직까지도 확실한 결론이 나지 않은 문제입니다. 일반상대성이론은 우주가 굽어 있다는 것을 분명히 말해주고 있지만, 그것이 열린 우주인지 닫힌 우주인지에 대해서는 분명한 답을 주지는 않습니다.

1920년대 대부분의 천문학자들은 우주가 정적이면서 균일하다고 믿고 있었습니다. 이는 뉴턴 이래의 줄기찬 전통이었죠. 아인슈타인도 이 정적인 우주를 선호했답니다. 그런데 실망스럽게도 그의 일반상대성이론을 통하여 제시된 중력 방정식은 우주가 팽창하거나 수축해야 한다는 것을 보여주는 것이었습니다. 이것이 마음에 안 들어 아인슈타인은 자기 공식에 손을 좀 댔습니다. 일종의 조작이죠. 중력 방정식에 우주 상수항이란 걸 추가한 겁니다. 그래서 이 공식대로라면 정적인 우주가 되는 거죠. 그런데 그는 나중에 크게 후회했어요. 일생일대의 실수였다고.

그렇다면 결국 우주의 운명은 어떻게 될까요? 그것은 우주가 얼마나 많은 물질을 품고 있느냐에 달려 있습니다. 하지만 어떤 경우의 수이든, 물질이 얼마가 되든, 우주가 결국엔 종말에 이를 것이란 점에서는 다를 바가 없습니다. 우주의 종말에 관한 자세한 내용은 다음에 다시 보게 됩니다.

우주의 생긴 꼴은?

–우주는 유한하지만 경계는 없다

940억 광년 크기의 지름을 가진 우주는 그 크기는 유한하지만, 경계는 없다고 하는 것이 현대 우주론자들이 하는 얘기다. '어떻게 그럴 수가?' 하는 질문에는 다음과 같이 답한다. 우주는 4차원의 시공간으로 휘어져 있어 중심도 경계도 없다. 2차원 구면이 중심이나 경계가 없는 것과 같은 이치다.

지구라는 구면을 생각해보자. 어느 지점도 중심이랄 수 없지만, 모든 지점이 다 중심이기도 하다. 신 앞에 모든 것은 공평하다고 하는 것이 바로 이를 두고 한 말인지도 모른다. 그처럼 우주는 중심도 경계도 없다. 따라서 무한 사정거리의 총을 발사하면 그 총알은 우주를 한 바퀴 돌아 쏜 사람의 뒤통수를 때린다는 것이다. 우주 공간이 평탄하게 보이는 것은 3차원의 존재인 우리가 휘어져 있는 시공간을 감득하지 못해서 그렇다는 얘기다.

우주 구조에 관련된 이 내용을 더 깊이 이해하려면, "단일 연결인 3차원 다양체는 구면과 같다"는 앙리 푸앵카레의 추측을 자세히 들여다봐야 한다. 이 난해한 '추측'의 뜻부터 풀이하자면, '어떤 닫힌

3차원 공간에서 모든 폐곡선이 수축되어 한 점이 될 수 있다면 이 공간은 반드시 3차원 원구(圓球)로 변형될 수 있다'라는 뜻이다.

그래도 무슨 말인지 얼른 알아들을 수 없다. 좀 더 구체적으로 설명하자면, 광속의 우주선 꽁무니에 무한 길이로 풀리는 끈을 하나 매달고 전 우주를 헤매고 다닌 후 지구로 귀환했다고 칠 때, 그 꽁무니 끈이 무엇에도 걸리지 않고 모두 회수될 수 있다면 우주선이 헤매 다닌 공간은 3차원 구와 같다는 뜻이다. 이른바 위상기하학의 주장이다.

이 푸앵카레의 추측은 1세기 동안 수많은 수학자들이 도전했지만 풀지 못한 100년의 난제였다. 이것을 해결하는 사람에게는 100만 달러 상금을 준다는 현상까지 붙었지만 미해결인 상태로 1세기가 흘러갔다. 그러다가 몇 년 전, 그레고리 페렐만이라는 러시아의 한 괴짜 수학자가 그 증명에 성공했다.

그해(2006년) 미국의 〈사이언스〉는 올해의 과학 뉴스 1위로 주저 없이 '푸앵카레의 추측 해결'을 꼽았다. 하지만 페렐만은 수학의 노벨상이라 불리는 필즈상도, 100만 달러 상금도 필요없다고 모두 거부했다. 이 40대의 독신 수학자는 교사 출신의 노모가 받는 쥐꼬리 연금과 코딱지만 한 아파트에 얹혀살면서도 자기는 필요한 것을 모두 갖고 있다며 상금을 거부했다니, 그 엄마의 속은 어땠을까 심히 궁금하다. 외출도 거의 하지 않고 백수로 지내면서 가끔 근교 숲으로 버섯 따러 다닌다고 한다. 거의 파이(π) 같은 초월수 수준의 인물이라 할 만하다.

4

우주는 팽창하고 있다, 허블

우주론 여행도 이제 막바지에 이르고 있습니다.

20세기 초의 사람들은 우주를 어떻게 생각했을까요? 그 무렵이면 한반도에서는 조선 왕조가 일제의 아가리 속에 반쯤은 들어가 있던 상황이라 한가롭게 우주를 사색할 여유는 그다지 없었을 것 같기도 하네요. 하긴 그런 점에선 서양도 마찬가지입니다. 제1차 세계대전이 눈앞에 닥쳐왔기 때문이죠.

세상은 어수선하지만, 그래도 한쪽에선 우주를 사색하고 연구하고 토론하는 사람들이 있었습니다. 그들을 철없다고 나무랄 수는 없는 일이죠. 우주는 어디서 왔는가? 우리는 왜 여기에 존재하는가? 인간은 우주에서 어떤 존재인가? 이런 원초적 질문들을 늘 되뇌게 되는 게 인간이니까요.

본론으로 들어가죠. 그 시절 사람들이 생각한 우주는 밤하늘을 가로지르는 미리내가 우주의 전부라는 것이었습니다. 미리내는 미루와 내의 합성어로, 미루가 용의 고어니까 한자어로는 용천(龍川)쯤 되겠네요. 은하수의 다른 이름인 셈이죠. 이 뿌연 미리내가 우유를 엎지른 것도 아니요, 강도 아니라는 것은 벌써 다 아는 사실이죠. 이미 300년도 더 전에 갈릴레이가 자신이 만든 망원경으로 들여다보고는, 어마어마한 별무리들이 뭉쳐 있는 게 은하수라고 인류에게 고한 바 있었죠.

은하수 칠레 이스터 섬에 있는 사람 얼굴 모양의 석상, 모아이 위로 펼쳐진 은하수. 모아이와 은하수의 이 아름다운 조합은 시간과 우주의 유구함을 실감나게 표현해주고 있다.

그로부터 100년 뒤 칸트라는 18세기 독일의 철학자는 은하수에 대한 놀라운 추론을 내놓았습니다. 회전하는 거대한 성운이 수축하면서 원반 모양이 되고, 원반에서 별들이 탄생했으며, 은하수가 길게 한 줄로 보이는 건 우리가 원반 위에서 보고 있기 때문이라고요. 오늘날 들어봐도 입이 딱 벌어지는 해석 아닙니까. 칸트는 여기에 그치지 않았죠. 우리은하 바깥으로도 무수한 은하들이 섬처럼 흩어져 있으며, 우리은하는 그 수많은 은하 중의 하나일 뿐이라는 섬우주론을 내놓았던 것입니다.

이 섬우주론이 200년 뒤 미국에서 다시 도마 위에 올랐습니다. 제1차 세계대전의 연기가 채 가시기도 전인 1920년, 우주를 사색하는 일단의 사람들이 한 장소에 모여 역사적인 대논쟁을 벌였죠. 장소는 미국 학술원, 주제는 우주의 크기였습니다. 논쟁은 두 논적을 축으로 하여 불꽃을 튀었는데, 하버드 대학의 할로 섀플리와 릭 천문대의 허버 커티스로, 둘 다 우주론에 대해서는 내로라하는 일급 천문학자였죠.

두 사람의 주장은 어떤 내용이었을까요? 먼저 섀플리는, 우리은하는 거대한 구상성단이며, 그 지름이 30만 광년이고, 태양은 그 중심으로부터 4만 5천 광년 떨어진 곳에 있다는 결론을 내렸습니다. 태양계가 은하의 중심이 아니라 외진 변방에 있다는 것을 최초로 알아낸 사람은 바로 할로 섀플리입니다. 그는 안드로메다 대성운은 우리은하 안에 있는 게 틀림없다고 선언했지요. 태양계가 우리은하의 중심에 있지 않다는 섀플리의 우리은하 모형은 큰 파문을 일으켰고 우주관에 큰 변혁을 가져왔습니다.

반대편에 선 커티스는 허셜-캅테인 우주 모형[7]을 받아들여 칸트의 섬우주론을 지지하는 쪽이었습니다. 허셜-캅테인 우주 모형이란 우리은하 구조를 최초로 연구한 허셜의 이론과 캅테인의 이론에서 나온 우리은하 모형입니다. 그는 우리은하의 모양은 타원체이며, 태양은 그 중심에 가까운 곳에 위치하고 우리은하는 렌즈 형으로 400억 개의 항성을 포함하며 지름은 5만 5천 광년, 두께 6500광년, 태양은 중심으로부터 3천 광년 떨어진 곳에 있다고 주장했습니다.

이 모형을 받아들인 커티스는 안드로메다 성운까지의 거리를 50만 광년이라고 주장했지요. 이는 새플리 모형에서 주장하는 우리은하 크기를 훌쩍 넘어서는 거리죠. 즉, 커티스는 안드로메다 성운은 우리은하 안에 있는 성운이 아니라, 우리은하 밖의 외부은하임이 틀림없다고 결론내린 것이죠.

하지만 이 대논쟁은 승부가 나지 않았습니다. 판정을 내려줄 만한 심판이 없었던 거죠. 해결의 핵심은 별까지의 거리를 결정하는 문제였습니다. 이것이 예나 지금이나 천문학에서 가장 골머리를 앓던 난제죠. 그런데 판정은 엉뚱한 곳에서 내려졌습니다. 3년 뒤, 혜성처럼 나타난 신출내기 천문학자에 의해 승패가 가려졌던 겁니다.

지금부터 얘기하려는 주제는 20세기 천문학의 최고 영웅에 대한 것입니다. 그의 이름은 허블 법칙, 허블 상수로 너무나 잘 알려진 에드윈 허블입니다. 그는 여러 가지 면에서 문제적 인물이었습니다.

1889년 미국 미주리 주의 마시필드에서 태어난 허블은 한마디로 온갖 행운을 갖고 태어난 사람이었습니다. 아버지는 변호사이자 보험 대리인이라 풍족한 어린 시절을 보냈습니다. 허블은 부모로부터 높은 지능과 강건한 체질까지 물려받은 데다 미남이기까지 했습니다. 그야말로 매력이 주체하지 못할 정도로 철철 흘러넘쳤습니다. 그를 아도니스(그리스 신화 속의 미소년)라고 부르는 사람도 있었다고 합니다. 약간 과장해 말한다면, 얼굴은 폴 뉴먼이요, 몸은 무하마드 알리, 머리는 아인슈타인이었던 거죠. 저 앞에서 본 케플러와는 어쩌면 이리도 다를까요.

그뿐 아닙니다. 허블은 고등학교 시절 육상대표로 7종 경기에서 우승했고, 그밖에도 여러 대회, 여러 종목에서 메달을 수두룩하게 받았습니다. 공부도 잘했어요. 명문 시카고 대학 법학과에 어렵잖게 진학했으니까요. 말하자면 허블은 '엄친아' 대표선수였습니다.

대학에서도 발군의 성적을 보여 장학금 받고 영국 옥스퍼드 대학으로 유학 갔습니다. 이 유학 기간 3년이 허블에게 큰 영향을 미친 듯합니다. 이때부터 허블은 늘 정장차림에다 파이프를 입에 물고 멋을 부리기 시작했습니다. 그리고 허풍스러운 영국식 억양을 쓰기 시작했는데, 이 버릇은 평생 바뀌지 않았다고 하네요. 허블은 곧잘 그런 억양으로, 결투에서 얻었다는 상처를 자랑하곤 했다는데, 소문에 의하면 자해한 거랍니다(일설에는 여자 문제로 권총 뽑아

들고 결투한 적도 있답니다). 우습게도 허블은 상습적인 거짓말쟁이
였습니다.

그런 안 좋은 버릇이 영국 유학에서 생긴 건지 타고난 건지는 알
수 없지만, 어쨌든 묘한 캐릭터인 것만은 분명합니다. 천문학 하는
사람 중에 괴짜가 많긴 하지만, 허블도 그런 면에서는 전혀 뒤지지
않는 등급이었죠. 아무튼 그런 허블이 어떻게 20세기 천문학계에서
최고의 영웅으로 등극하는 영예를 거머쥐게 되었을까요? 가끔 세상
에는 별로 힘들이지 않고도 손대는 일마다 떡 먹듯이 성공하는 부류
의 인간들이 있는 법이죠. 허블이 바로 그런 인간형이었습니다.

그 허블이 귀국해서 농구팀 코치 등을 하며 좀 빈둥거리다가 돌
연 하던 일을 접고는 시카고 대학 천문학과에 들어갔습니다. "천문
학은 성직과도 같다. 소명을 받아야 하기 때문이다"라고 허풍을 떨
면서 말입니다. 어쨌든 뒤늦게 시작한 천문학이었지만 뛰어난 머리
와 약간의 노력으로 밀린 공부를 따라잡아 천문학 박사학위를 손에
쥐었습니다.

졸업 후 허블은 은사인 조지 헤일의 추천으로 윌슨 산 천문대에
서 일하려 했는데, 이 계획이 뜻하지 않은 일로 취소되었습니다. 미
국이 뒤늦게 제1차 세계대전에 뛰어들었던 겁니다. 허블은 육군장
교로 지원했죠. 그리고 전투에서 오른팔에 부상을 입은 덕으로 소
령으로 특진됐습니다. 그 역시 허블에게는 자랑거리였죠. 평생 소
령 칭호를 입에 달고 살았으니까요.

전선에서 돌아온 허블은 1919년 서른 살 때 짐을 꾸려서 윌슨 산

으로 들어갔습니다. 말 그대로 입산이었죠. 해발 1800m 산꼭대기에 있는 윌슨 산 천문대에는 당시 세계 최대인 2.5m 반사망원경이 설치되어 있었습니다. 하지만 노새가 이끄는 수레를 타고 한나절이나 걸려서야 도착할 수 있는 외진 곳이었습니다. 그런 만큼 생활은 고행이고, 일과는 고달팠죠. 그럼에도 수십 명의 천문학자들이 연구를 위해 이곳에 둥지를 틀었습니다. 그들은 추운 겨울에도 관측대 위에 앉아 온밤을 지새웠습니다. 거대한 반사망원경을 조그마한 손잡이를 돌려 조절하며, 렌즈의 십자선을 응시하면서 길게는 12시간을 버텨야 했습니다. 따뜻한 커피도 못 마셨죠. 렌즈에 영향을 끼치니까요.

허블의 박사 논문 주제는 '희미한 성운(星雲)'[8]이었습니다. 라틴어로 '안개'를 뜻하는 성운(nebula)은 20세기 초만 해도 정말 안개 속에 가려진 천체였죠. 허블의 머릿속에는 늘 성운에 대한 의문이 떠나질 않았습니다. 허블이 윌슨 산에 오자마자 대망원경의 주경을 성운 쪽으로 돌린 것은 당연했습니다. 이 대목에서 우리는 또 한 사나이를 떠올리지 않을 수 없습니다. 허블의 조수였던 그 역시 천문학사에서는 전설이 되어 있는 존재죠.

그의 원래 직업은 노새몰이꾼이었습니다. 이름은 밀턴 휴메이슨, 나이는 허블보다 두 살 아래였죠. 윌슨 산 천문대로 장비나 생필품을 운반하는 노새몰이꾼으로 일했던 휴메이슨은 한마디로 건달이었습니다. 늘 씹는담배를 질겅거리는 그는 학교는 일찌감치 중2 때

때려치우고, 당구와 도박, 여자 후리기에 한가락 하는 사내였습니다. 좋게 말하면 한량, 나쁘게 말하면 건달이죠. 그런데 머리가 영리하고 호기심도 풍부한데다, 도박으로 다져진 눈썰미와 손재주, 머리회전이 탁월했다고 하네요. 그러고는 슬금슬금 천문대 각종 장비와 기계에 대해 캐묻고 만지작거리고 하더니 어느새 엔지니어 비슷한 수준까지 되었답니다. 역시 타고난 노름꾼이죠.

하나 더 있어요. 여자 꾀는 솜씨. 어느 틈에 천문대의 연구원 딸을 사귀고 있었답니다. 그 연구원은 노새몰이꾼 사위 후보가 탐탁지 않아 배알이 뒤틀렸겠지만 어쩌겠습니까. 자고로 남녀상열지사는 아무도 못 말리는 법 아닙니까. 이래저래 휴메이슨은 수위로 천문대에 말뚝을 박는 형국이 되었습니다. 이 친구, 노름판보다 우주가 더 마음에 들었던 모양입니다. 우주에 마음을 뺏기면 세상 웬만한 건 다 뜻이 없어지지요. 야사가 전하는 바에 따르면, 이때부터 휴메이슨의 놀라운 변신이 전개됩니다.

어느 날, 야간 관측 보조원이 병결하는 사태가 벌어졌는데, 대타로 투입할 마땅한 사람이 없었어요. 그렇다고 귀한 망원경을 놀릴 수도 없어, 천문대에서는 하룻밤 공칠 요량을 하고 휴메이슨에게 대타로 뛰어볼 용의가 없느냐고 제안했죠. 그 업무는 거대한 덩치의 망원경을 다루는 일뿐만 아니라 천체 사진까지 찍어야 하는 일이었습니다. 그날 밤 휴메이슨은 임시직 관측 보조원이 되어, 왕년에 노름판에서 트럼프 장 다루듯이 거대 망원경을 능숙하게 다루는 솜씨를 자랑했습니다. 그뿐이 아닙니다. 천문대 연구원들은 휴메이슨이 찍어놓은 은하 스펙트럼[9]들을 보고는 입을 다물지 못했습니다. 선명한 화질이 일급 전문가의 솜씨였던 것이죠.

이 일을 계기로 그는 천문대 정식 직원으로 채용되어 허블의 조수가 되었습니다. 노름판에서 놀던 건달과 허풍기 있는 천문학 박사는 만나자마자 악동들처럼 서로 죽이 잘 맞았답니다. 두 사람의 공통점은 덩치가 크다는 것이었습니다. 엄청난 무게의 망원경을 다루는데 근육의 힘이 필수적이었습니다. 그들은 이후 오랫동안 공동 관측자로서 같이 일했지요. 휴메이슨은 일을 시작하자마자 이내 양질의 은하 스펙트럼을 얻는 데 어떤 천문학자보다 뛰어난 역량을 발휘했습니다. 나중엔 훌륭한 업적을 많이 남겨 완벽한 천문학자로 인정받게 되었습니다. 건달에서 천문학자로의 놀라운 변신이었죠. 그 연구원의 딸이 남자 보는 눈이 있었다고 해야 하나요?

이 덤 앤 더머 같은 콤비가 드디어 일을 저질렀습니다. 안드로메다 대성운에서 변광성을 발견한 겁니다. 이것은 길에서 백 캐럿짜리 다이아몬드를 주운 것보다 더한 횡재입니다. 성운까지의 거리를 알아낼 수 있게 된 것이니까요. 지구까지의 거리를 계산해보니 놀랍게도 93만 광년이란 답이 나왔습니다! 우리은하 크기보다 10배나 멀리 떨어져 있는 겁니다. 단순히 나선 모양 성운으로 알고 있었던 안드로메다는 사실 우리은하를 까마득히 넘어선 곳에 있는 독립된 나선은하였던 것이죠. 칸트의 섬우주론이 200년 만에 완벽히 증명된 셈이었습니다. 그 결과 허블이 최초의 외부은하 확인이라는 엄청난 업적을 세우게 되었습니다. 이로써 인류 역사상 가장 먼 거리를 측정했던 허블은 새로운 우주 공간의 문을 활짝 열었던 것입니다.

밤하늘에서 빛나는 모든 것들이 우리은하 안에 속해 있다고 믿고 있던 사람들에게 이 발견은 정말 청천벽력과도 같은 것이었습니다. 갑자기 우리 태양계는 자디잔 티끌 같은 것으로 축소되어버리고, 지구상에 살아 있는 모든 것들에게 빛을 주는 태양은 우주라는 드넓은 바닷가의 한 알갱이 모래에 지나지 않은 것이 되고 만 셈이죠.

오랜 세월 동안 맨눈으로 볼 수 있는 범위의 크기로 생각해왔던 우주가 허블의 발견 이후 은하들 뒤에 다시 무수한 은하들이 늘어서 있는 무한에 가까운 우주임이 드러났습니다. 인류에게 이것은 근본적인 계시였습니다. 이 하나의 발견으로 허블은 천문학계의 영웅으로 떠올랐습니다. 나중에 알려진 사실이지만, 허블의 계산은 참값과 큰 차이가 있었습니다. 현재 알려진 안드로메다 은하까지의 거리는 그 두 배가 넘는 220만 광년입니다.

은하를 추적하는 허블의 망원경은 여기서 멈추지 않았습니다. 과학자들은 은하들이 제자리에 고정되어 있지 않다는 사실을 알고 있었습니다. 1912년, 로웰 천문대의 베스토 슬라이퍼는 은하 스펙트럼에서 적색이동[10]을 발견하고, 은하들이 엄청난 속도로 지구로부터 멀어지고 있다는 사실을 처음으로 알아냈죠. 우주는 뉴턴이나 아인슈타인이 생각했던 것처럼 정적이지 않다는 사실을 처음 발견한 것이죠.

허블은 24개의 은하를 집요하게 추적해서 얻은 관측 자료를 정리하여 거리와 속도를 반비례시킨 표에다가 은하들을 집어넣은 결과 놀라운 사실을 하나 알아냈습니다. 멀리 있는 은하일수록 더 빠른 속도로 멀어져가고 있는 것입니다! 이게 무슨 일인가? 사방의 은하들이 우리로부터 도망가고 있다. 우리가 무슨 몹쓸 것에 오염되었거나 큰 잘못이라도 저질렀다는 것인가? 그래서 우리와 다시는 상종하지 않으려고 저렇게 허급지급 달아나는 것인가? 훗날 어떤 천문학자는 우리은하가 인간이라는 물질로 오염되어서 다른 은하들이 도망가는 거라는 우스갯소리도 했죠.

'은하가 후퇴하고 있다. 먼 은하일수록 후퇴속도는 더 빠르다. 그리고 은하의 이동속도를 거리로 나눈 값은 항상 일정하다.' 이것이 허블의 법칙입니다. 훗날 이 상수는 허블상수로 불리며, H로 표시되죠. 허블상수는 우주의 팽창속도를 알려주는 지표로서, 이것만 정확히 알아낸다면 우주의 크기와 나이를 구할 수 있습니다. 그래서 허블상수는 우주의 로제타 석[11]에 비유되기도 하죠.

지난 70년 동안 과학자들은 허블상수의 정확한 값을 놓고 열띤 논쟁을 벌였습니다. 이를 두고 '허블전쟁'이라고까지 표현했죠. 2006년 찬드라 엑스선 관측선의 관측을 기반으로 비례상수가 77(km/s/Mpc) 근처라는 것이 확인되었습니다. 이 허블상수의 역수는 약 150억 년인데, 이러한 우주시간 척도는 우주의 나이에 대한 대략적인 측정치일 뿐입

11_1799년 나폴레옹의 이집트 원정군에 의해 나일 강 하구 로제타에서 발견된 석비(石碑). 기원전 196년에 고대 이집트에서 제작된 같은 내용의 글이 이집트 상형문자, 이집트 민중문자, 고대 그리스어 등 세 가지 문자로 번역되어 쓰여 있는 화강암이다.

니다. 지금도 허블상수는 천문학에서 가장 중요한 상수로 다뤄지고 있습니다. 허블의 법칙을 식으로 나타내면 다음과 같습니다.

V=H×r(Vr: 은하의 후퇴속도[km/s], r : 은하까지의 거리[Mpc], H : 허블상수[km/s/Mpc])

허블과 휴메이슨의 발견은 우주가 팽창하고 있음을 명백히 보여주는 것이었습니다. 그리고 손바닥만 하던 인류의 우주를 무한 공간으로 확대시켜놓은 것이었습니다. 그러나 당시에는 허블 자신까지 포함해서 이것이 우주의 기원과 연관되어 있으며, 모든 것의 근본을 건드리는 심오한 문제라고 확신하는 사람은 아무도 없었습니다. 이상하게도 죽이 잘 맞았던 이 커플이 인류를 우주 기원의 순간으로 데려갈 이론적 토대를 닦았던 것이죠.

이는 20세기 천문학사에서 가장 중요한 발견으로 받아들여졌습니다. 허블의 제자 앨런 샌디지는 우주 팽창을 역사상 가장 놀라운 과학적 발견이라 불렀죠. 20세기의 과학 전체에서 가장 충격적이고 중요한 발견 둘을 꼽자면 허블의 우주 팽창 발견과 다윈의 진화론일 것입니다.

1929년, 우주가 고무풍선처럼 팽창하고 있다는 사실이 발표되었을 때 사람들에게 엄청난 충격을 던져주었습니다. 이 우주가 지금 이 순간에도 무서운 속도로 팽창하고 있다, 우리가 발붙이고 사는 이 세상에 고정되어 있는 거라곤 하나도 없다는 현기증 나는 사실에 사람들은 황망해했습니다. 최초로 인류가 지구상을 걸어다닌 이래 우리 인간사가 늘 불안정하다는 것을 알고는 있었죠. 그리고 우리가 딛고 사는 이 땅덩어리가 기실은 허공을 날아다닌다는 것까지도 받아들였습니다. 그런데 20세기에 들어서는 하늘조차도 불안정하다는 사실을 깨닫게 되었던 것입니다. 그것은 실로 제행무상의 우주였습니다.

허블의 일은 일단 여기에서 끝났습니다. 사상가이기보다 관측가였던 그는 자신의 발견이 지닌 의미를 완전히 이해하지는 못했죠. 그의 발견은 우주의 근원을 건드리는 것으로 우주팽창설의 기초가 되었지만, 대폭발(빅뱅)로 이어지는 큰 이야기에는 참여하지 못했습니다. 그것은 또 다른 천재들을 기다려야 했습니다.

허블은 죽을 때까지 열성적으로 은하를 관측했습니다. 1953년 허블은 팔로마 산 천문대의 지름 5m의 거대 망원경 앞에서 며칠 밤을 새워 관측할 준비를 하던 중 심장마비로 숨졌습니다. 대천문학자다운 열반이었습니다. 향년 64세.

코페르니쿠스 이후 천문학의 발전에 최대의 공헌을 한 허블의 업적은 노벨상을 뛰어넘는 것이지만, 허블은 상을 받지 못했습니다. 노벨 물리학상이 천문학을 배제했기 때문이죠. 그런데 뒤늦게 규정이 바뀌어 허블에게도 상을 주기로 결정했지만, 이번엔 상을 받을 사람이 없었습니다. 허블이 죽은 지 3개월이나 지난 뒤였으니까요. 노벨상은 고인이 된 사람에게는 주지 않기 때문에, 상을 받으려면 업적 못지않게 수명도 중요한 변수라는 것을 새삼 일깨워주었던 사례였습니다.

죽은 뒤에도 허블은 세간의 관심을 모았습니다. 허블의 유언에 따른 거라는 설도 있지만, 그의 부인 그레이스는 장례식과 추도회를 모두 거부했습니다. 그리고 남편의 유해를 어떻게 처리했는지에 대해서도 끝내 입을 다물었죠. 그래서 20세기의 가장 위대한 천문학자였던 허블의 행방은 반세기가 지난 지금까지도 풀리지 않은 미스터리로 남아 있습니다. 역시 문제적 인물인 것만은 틀림없죠.

1990년 우주 공간으로 쏘아올려진 우주망원경에 허블의 업적을 기리는 뜻에서 그의 이름이 붙여졌습니다. 지금도 지구 중심 궤도를 95분마다 한 바퀴씩 돌며 먼 우주를 담아 보내고 있죠. 그런 사진이 하루에 한 장씩 나사 홈피에 올라옵니다. 엄청 아름답고 신비로운 것들이 많습니다. 망원경 따로 놓고 관측할 것 없이, 그것들만 봐도 우주여행을 하는 셈이 됩니다. 허블 우주망원경은 2017년쯤 퇴역할 거라 합니다. 마지막으로, 허블의 말로 이 장을 접기로 하죠.

"오감만 잘 갖춰져 있으면 인간은 우주가 무엇인지 탐험할 수 있으며, 그 탐험을 과학이라 부른다."

허블 우주망원경 미 항공우주국(NASA)과 유럽우주국(ESA)이 주축이 되어 개발했다. 지구에 설치된 고성능 망원경들과 비교해 해상도는 10~30배, 감도는 50~100배다. 수명은 약 15년, 무게 12.2톤, 주거울 지름 2.5m, 경통 길이 약 13m의 반사망원경이다.

사람이 만든 것으로
가장 멀리 날아간 물건
─인류의 '우주 척후병' 보이저 1호의 대장정

인공 물체로서 가장 멀리 날아간 것은 무엇일까? 1977년 9월에 발사돼서 지금 현재(2012. 9. 5) 태양으로부터 182억km 떨어진 우주 공간을 날아가고 있는 보이저 1호다.

인간의 모든 신화와 문명에서 절대적 중심이었던 태양, 그 영향권으로부터 722kg짜리 인간의 창조물이 처음으로 벗어나고 있는 것이다. 지구를 떠난 지 34년 9개월 만이다. 그것은 빛이 17시간 걸리는 거리며, 태양과 지구 사이 거리의 120배(120AU)에 해당하는 거리다.

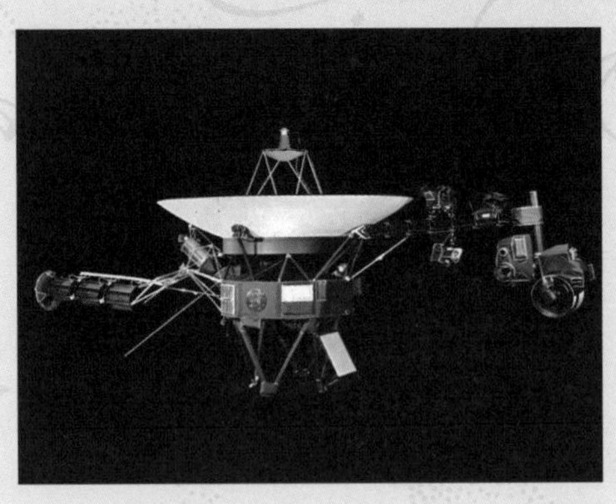

인류의 우주탐사 꿈을 싣고 한 세대를 지나는 세월 동안 고장 한 번 나지 않은 기적의 항해를 이어가고 있는 보이저 1호. 그 탐사선은 목성, 토성을 지나며 보석 같은 과학 정보들을 지구

보이저 1호 인류의 우주 척후병 보이저 1호.

로 보낸 후 인류 역사상 처음으로 태양계를 벗어나 미지의 영역인 '검은 우주' 속으로 돌진하고 있다.

NASA의 제트추진연구소가 "인류의 '척후병' 보이저 1호가 역사상 최초로 태양계의 끝에 도달했다"고 발표했던 것은 지난 2012년 6월 15일이다. 미지의 외계를 향해 지구로부터 가장 먼 곳을 항해하고 있는 보이저 1호가 이미 성간 공간(항성의 영향을 받지 않는 우주 공간)으로 들어선 것으로 보인다. '바깥'으로 나가는 경계의 풍경은 과학자들의 예상과는 달리 고요했다.

보이저 1호 다음으로 먼 곳을 달리는 것은 태양으로부터 154억km 떨어져 있는 파이어니어 10호다. 방향은 보이저 1호의 정반대편이다. 하지만 파이어니어 10호는 2003년 1월 23일 마지막으로 희미한 신호를 보내온 후 교신이 끊겼다. 지구에서 100AU나 떨어진 깜깜한 우주 공간에서 영원히 우주의 미아가 되어버린 것이다. 1972년 3월 지구를 떠난 지 꼭 31년 만이다. 2006년 타계한 미국 아이오와 대학교 밴 앨런 교수는 "탐사선은 아직도 태양의 온기를 쬐고 있을 것"이라며 파이어니어 10호가 태양계 언저리 어디쯤에 있을 것이라고 추측했다.

시속 4만 5천km의 맹렬한 속도로 우주 공간을 주파하고 있는 파이어니어 10호는 3만 년쯤 후에는 황소자리 붉은 별 로스(Ross) 248별을 스쳐지나고, 그후 100만 년 동안 10개의 별 옆을 더 지나갈 것이다. 그리고 또 200만 년 후에는 지구로부터 65광년 떨어진 황소자리 1등성 알데바란 옆퉁이에 다다를 것이다. 겨울철 남쪽 하

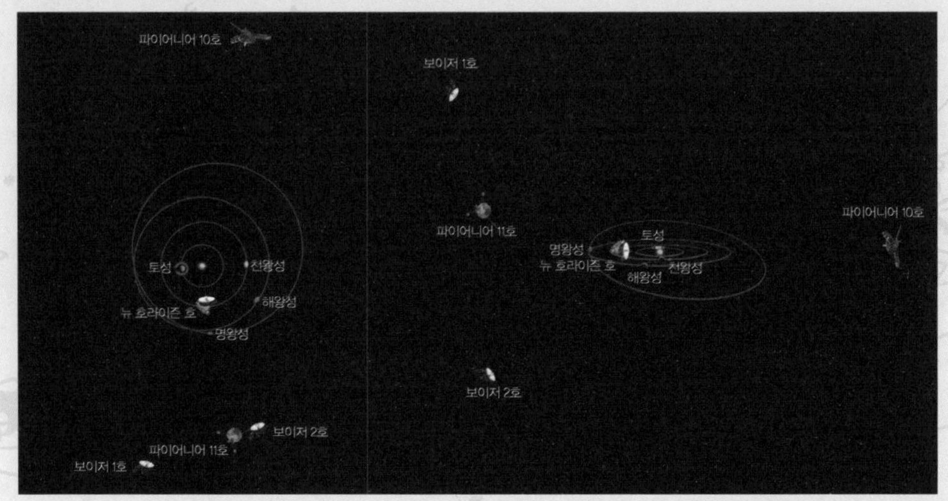

보이저 1,2호, 파이어니어 11호 개념도 외부 태양계 탐사선 경로 개념도. 태양계 탐사에 나선 보이저 1, 2호를 비롯, 파이어니어 11호, 뉴 호라이즌 호 등 다른 탐사선들의 상대적 위치를 나타낸 것이다. 꼭대기와 좌하귀에 인류가 만든 물건으로 가장 멀리 날아간 보이저 1호가 보인다.

늘 오리온자리 옆구리에서 밝게 반짝이는 별이다.

한편, 보이저 2호와 파이어니어 11호는 둘 다 명왕성 궤도 바깥을 날고 있고, 또 다른 탐사선 뉴 호라이즌 호는 지금 명왕성을 향해 태양으로부터 30억km 지점을 날아가고 있는 중이다. 2015년 6월에 명왕성 궤도에 들어설 것으로 보인다. 우주의 한 변방, 모래알만한 지구에 거주하는 인류라는 지성체가 바야흐로 그의 광막한 고향, 대우주를 탐색하기 위해 용약 분투하고 있는 중이다.

본래 태양계 바깥쪽의 거대 행성들인 목성, 토성, 천왕성, 해왕성을 탐사하기 위해 발사된 보이저 1호는 당시 최신 기술이던 중력 보조를 사용하도록 설계된 탐사선이다. 중력 보조란 탐사선의 속도를 높이기 위해 중력을 이용한 슬링 숏 기법(새총쏘기)을 말하는 것으로, 행성의 중력을 이용해 우주선의 가속을 얻는 기법이다. 스윙바이(swingby) 또는 플라이바이라고도 한다.

탐사선이 행성의 중력을 받아 미끄러지듯 가속을 얻으며 낙하하다가 어느 지점에서 진행 각도를 바꾸면 그 가속을 보유한 채 튕기듯이 탈출하게 된다. 보이저는 이 기법을 이용해 목성 중력에서 시속 6만km의 속도 증가를 공짜로 얻었다. 보이저가 목성의 중력을 이용해 추진력을 얻을 때, 목성은 그만큼 에너지를 빼앗기는 셈이지만, 그것은 50억 년에 공전 속도가 1mm 정도 뒤처지는 것에 지나지 않는다. 현재까지 인류가 개발한 추진 로켓의 힘은 겨우 목성까지 날아가는 게 한계지만, 이 스윙바이 항법으로 우리는 전 태양계를 탐험할 수 있게 된 것이다.

일명 '행성간 대여행'이라 불리는 행성의 배치가 행성간 탐사선의 개발에 영향을 주었는데, 이 행성간 대여행은 연속적인 중력 보조를 활용함으로써, 한 탐사선이 궤도 수정을 위한 최소한의 연료만으로 화성 바깥쪽의 모든 행성(목성, 토성, 천왕성, 해왕성)을 탐사할 수 있는 여행이다. 이 항법을 활용하기 위해 보이저는 행성들이 직선상 배열을 이루는 드문 기회(몇백 년에 한 번꼴)를 이용했는데, 목성의 중력이 보이저를 토성으로 내던지고, 토성은 천왕성으로, 천왕성은 해왕성으로, 그다음은 태양계 밖으로 차례로 내던지게 되는 것이다. 하늘의 당구치기를 하면서 날아갈 보이저 1호와 2호는 이 여행을 염두에 두고 설계됐으며, 발사 시점도 대여행이 가능하도록 맞춰졌다.

1호는 2호보다 한 달 늦게 발사됐지만, 지름길 궤도를 항해하도록 설계되어, 발사 18개월 후 2호를 앞지르고 1979년 3월 5일 2호보다 4개월 먼저 목성을 통과했다. 1980년 11월 12일 토성을 지났고 1989년 임무를 마무리했다.

그러나 보이저 1호는 뒤돌지 않고 우주를 향해 나아가고 있다. 중력 보조 기법으로 34년을 항해한 보이저 1호는 가장 빠른 속도를 얻어 현재 초속 17km로 태양계를 빠져나가고 있는 중이다. NASA의 지상요원에 의해 여전히 조종되고 있는 보이저 1, 2호는 태양계의 끝, 태양권 계면*을 향해 항해 중이며, 이 지역을 벗어나면 완전히 성간 우주 공간으로 나아가게 된다. 인간이 만든 물건으로는 최

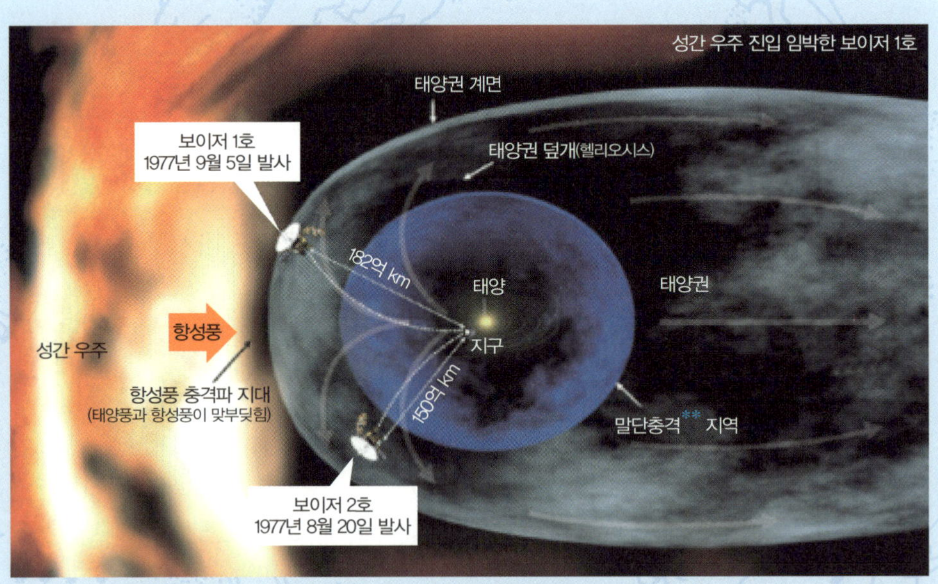

보이저 경로 태양계를 빠져나가는 보이저 1, 2호의 개념도.

초로 태양의 영역을 벗어나 우주로 들어서게 되는 것이다.

NASA에 따르면 현재 보이저 1호는 '태양권 덮개'***영역의 경계에 접근, 태양풍과 항성풍이 부딪쳐 생기는 '항성풍 충격파'**** 지대로 향하고 있다. 태양권 덮개는 태양계 가장 바깥에서 태양계를 감싸고 있는 영역이다. 보이저 1, 2호가 아직 태양권 덮개에서 완전히 벗어난 것은 아닌 것으로 분석된다. 태양권 덮개의 두께는 약 48억~64억km로 추정된다. 이 때문에 보이저 1호가 성간 우주에 완전히 진입하기까지 앞으로 4년 정도 더 걸릴 것으로 예측하고 있다.

보이저 2호도 이미 태양권 덮개 영역으로 들어선 것으로 알려졌다. 1호는 지구에서 약 182억km, 2호는 150억km 떨어져 있다.

태양계를 완전히 벗어난 뒤 외계의 지적 생명체와 조우할 경우를 대비해 보이저 1호에는 외계인들에게 보내는 지구인의 메시지를 담은 금제 음반도 싣고 있다. 이 음반의 내용은 칼 세이건이 의장으로 있던 위원회에서 결정되었는데, 115개의 그림과 파도, 바람, 천둥, 새와 고래의 노래와 같은 자연의 소리와 함께 55개 언어로 된

---

* 태양권 계면(heliopause) 태양풍의 영향과 태양계 이외의 성간 물질의 영향이 거의 같아지는 경계 영역. 곧, 태양풍의 영향이 없어지는 경계 부분이다.
** 말단충격(Termination Shock) 태양 영향력의 한계를 구분짓는 경계의 일종. 이 경계면은 초음속이던 태양풍 입자가 은하의 성간매질과의 충돌에 의해 아음속으로 떨어지는 지점이다. 이러한 충돌은 압축, 가열 그리고 자기장의 변화를 유도한다. 말단충격은 태양으로부터 100 AU 정도일 것이라고 추측된다.
*** 태양권 덮개(heliosheath) 태양권 계면과 말단충격 사이의 영역으로, 태양권의 가장 바깥층이다. 태양권 계면 밖은 은하로, 태양의 자기장이 미치지 않는다. 태양에서의 거리는 대략 80~100AU.
**** 항성풍 충격파(Bow Shock) 태양풍이 행성간 공간에서 행성의 자기권이나 이온층과 부딪힐 때 발생하는 충격파의 일종으로, 초음속으로 비행하는 비행기의 앞부분에 생기는 충격파와 비슷한 원리로 발생된다.

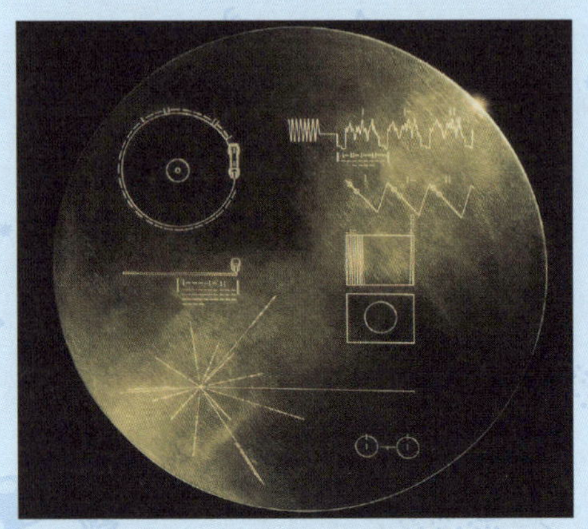

보이저 1호에 담긴 메시지 인류의 메시지를 담은 보이저 호 금제 음반의 뒷면. 왼쪽 아래 태양 그림도 보인다.

지구인의 인사말이 수록되었다. 거기에는 한국어도 포함되어 있다.

하지만 보이저가 가장 가까운 별인 켄타우루스 프록시마 별까지 가는 데만도 4만 년 정도가 걸리고, 탐사선의 크기도 너무 작기 때문에 발견될 가능성은 매우 낮다. 따라서 이 음반을 정말 누군가가 받는다고 해도 아주 먼 미래일 것이다. 따라서 정말로 외계인과 교신하기 위한 시도라기보다는 상징적인 뜻이 더 많다.

태양권에서 벗어나면 보이저 1호는 어느 천체의 중력권에 붙잡힐 때까지 관성에 의해 계속 어둡고 차가운 우주로 나아갈 운명이다. 연료인 플루토늄 238이 바닥나는 2020년께까지, 보이저 1호는 아무도 가보지 못한 태양계 바깥의 모습을 지구로 타전할 것이다.

지난 30여 년간 보이저 1호가 보내온 각종 영상과 데이터는 태양계에 대한 인간의 인식을 넓혀주었다. 1980년엔 최초로 완벽한 태양계의 모습을 촬영했다. 지구에서 60억km쯤 떨어진 명왕성 궤도 부근에서 찍어 보낸 그 유명한 지구 사진, 흑암의 무한 공간 속에 한낱 먼지처럼 부유하는 '창백한 푸른 점'도 보이저 1호의 작품이다. 또한 목성에도 토성과 비슷한 고리가 있다는 사실, 토성의 고리가 1천 개 이상의 가는 선으로 이뤄졌다는 사실, 목성의 위성 유로파가 얼어붙은 바다로 덮여 있다는 사실 등이 모두 보이저 1호가 밝혀낸 것들이다.

보이저 프로젝트의 책임자인 에드 스톤 박사는 "지금까지 보이저 1, 2호가 우주에서 발견한 것들은 우리가 세상을 바라보는 생각을 변하게 했다"면서 보이저 1호 대장정의 의미를 규정했다.

3개의 원자력 전지에 의해 전력을 공급받고 있는 보이저 1호는 2020년경까지는 지구와의 통신을 유지하는 데 충분한 전력을 공급받을 수 있을 것으로 보이나, 2025년 이후에는 전력 부족으로 더 이상 어떤 장비도 구동할 수 없게 되고, 지구와의 연결선이 완전 끊어지게 된다. 그러나 보이저의 항해는 그후로도 여전히 계속될 것이다.

2012년 4월 28일 현재 보이저의 위치는 태양권 덮개에 있으며, 성간가스의 압력에 의해 태양풍이 있는 태양자기권*의 가장 바깥자리에 시속 6만 1천km로 움직이고 있다. 태양으로부터 약 121AU, 182억km 떨어진 지점이다. 빛의 속도로는 16시간 50분쯤 걸린다. 일단 태양계를 벗어나면 보이저 1호는 적어도 10억 년 이상은 아무런 방해도 받지 않고 우리은하의 중심을 돌 것이다. 어쩌면 50억 년쯤의 시간이 흐르는 동안에도 누구의 손에 의해서도 회수되는 일 없이 보이저의 항진은 계속될지도 모른다. 그러면 인류의 메시지를 담은 음반이 재생되는 일도 영원히 없을 것이다.

50억 년이란 인류에겐 긴 세월이다. 장엄하게 빛나던 태양도 종말을 맞을 것이며, 이미 지구는 바짝 구워져 염열지옥이 되어버렸을 시간이다. 인류는 어떻게 되었을까? 다른 행성으로 떠나갔거나 지구에서 멸종되었거나 둘 중 하나일 것이다. 그때면 보이저 1호만이 사라져버린 지구 문명의 희미한 잔영을 지닌 채 우리은하를 벗어나 심우주로 몇조 년을 그대로 항행할지도 모른다.

지금 이 순간에도 태양계의 변방에서 '검은 우주'를 향해 맹렬히 달리고 있을 인류의 '우주 척후병' 보이저 1호가 과연 우주의 어느 언저리에서, 언제 그 오랜 항해를 멈추고 영원한 잠에 빠져들는지는 오직 신만이 아는 일일 것이다. ✳

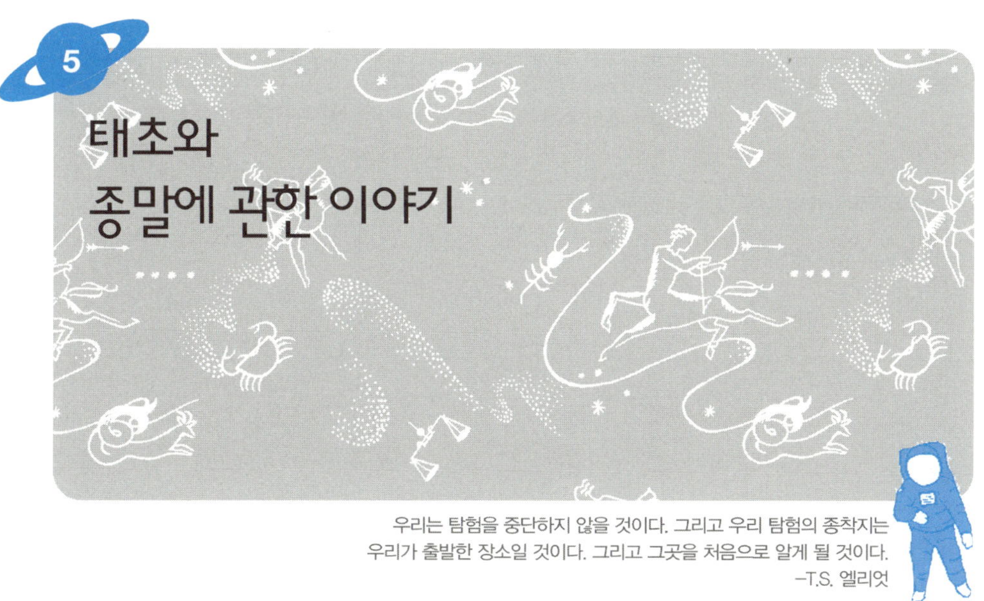

우주의 팽창이 거역할 수 없는 대세가 되자 일단의 천문학자들은 우주 최초의 순간에 대해 생각하기 시작했습니다. 허블 덕이죠. 은하들이 서로 멀어져가는 과정을 거꾸로 되돌린다고 생각하면 우주의 시작 지점까지 되돌아갈 수 있을 게 아닌가? 이는 우주 팽창의 기록 필름을 거꾸로 돌리는 것이나 다를 바 없죠. 태초에 있었을지도 모를 대폭발, 다시 말해 빅뱅에 대한 관심이 시작된 것입니다.

아인슈타인의 인정에도 불구하고 우주의 역사를 설명하는 이론은 한동안 서로 다른 두 개가 대립했습니다. 빅뱅이론과 정상상태이론이 그것이죠. 빅뱅이론은 조지 가모프(1904~1968)[12]가 주도적 역할을 하며 발전시킨 거죠. 우주 팽창이 시작된 지점은 우주의 모든 질량과 에너지가 한 점에 모여 엄청나게 높은 밀도의 에너지가 있었으며, 이것이 급격히 폭발, 팽창했다는 주장이죠.

이 같은 우주진화론을 주장하는 빅뱅우주론에 맞선 것이 정상우주론입니다. 20세기를 대표하던 두 우주론 중 하나죠. '영원 이전에도 정상이었고, 지금도 정상이고, 앞으로도 영원히 정상일 것이다.' 이것이 정상우주론자들의 생각이었습니다. 따라서 정상우주론은 은하가 진화해왔다고 생각하지 않습니다. 이 우주론은 1950년대 영국의 천문학자 프레드 호일과 허먼 본디 등이 빅뱅이론을 정면 반박하며 제시한 것입니다.

이 두 이론의 대립과 관련해 재미있는 일화가 있습니다. 빅뱅이라는 용어의 탄생 배경에 대한 것인데, 영국 BBC 방송에 출연한 호일이 빅뱅이론을 비웃으며 "그럼 태초에 빅뱅이 있었다는 말인가?"라고 던진 말이 그대로 굳어져 지금껏 사용되고 있다는 얘기입니다. 정상우주론자 프레드 호일이 빅뱅 용어의 창시자인 셈이죠.

반세기 동안 대폭발 우주론과 선의의 경쟁을 벌인 정상우주론은, 우주는 넓게 보았을 때 어느 쪽으로나 등방, 균일한 것처럼, 시간적으로도 예나 이제나 앞으로나 변함없이 같다는 주장입니다. 우주는 시작도 끝도 없으며, 따라서 진화도 없고 이대로 영원하다는 거죠.

하지만 허블이 관측한 우주의 팽창은 명백하므로 받아들일 수밖에 없었습니다. 우주가 팽창한다면 시간이 감에 따라 우주의 밀도는 낮아지고, 따라서 진화하면서도 변화하지 않는 우주 모델을 생각해야 하는데, 이들은 우주가 팽창함에 따라 은하 사이의 공간에서 새로운 물질이 나타난다는 착상을 했습니다.

이것은 동적이며 무한한 우주를 상정한 것이죠. 우주가 무한하다면 우주가 2배로 커져도 역시 무한하다, 은하 사이에 물질이 만들어지기만 하면 우주 전체는 변하지 않고 그대로 남아 있게 된다. 이렇게 하여 정상우주론이 등장하게 되었던 것입니다. 이 이론은 영원하고 정적인 우주를 약간 수정한 것이죠. 우주는 팽창하지만, 영원하고 근본적으로 변하지 않는다, 별은 수소구름에서 태어난다, 별이 생을 마치고 죽으면 그 물질은 다시 우주 공간으로 돌려지고, 그것을 밑천삼아 다른 별로 재생한다.

이 아름다운 이론에 의하면, 대우주는 죽음과 재생의 무한한 순환으로 영원히 지속됩니다. 말하자면 윤회하는 우주론입니다. 죽은 별들의 잔해는 그럼 어떻게 되는가? 정상상태 우주 역시 우주가 팽창한다고 보므로 계속 생기는 공간으로 인해 죽은 별들로 꽉 찰 염려는 없습니다.

하지만 단 하나 불온한 사실이 있습니다. 새로운 별의 탄생에는 신선한 수소가 필요불가결하죠. 만약 새로운 수소가 공급되지 않는다면, 광속도로 팽창해가는 우주는 언젠가는 물질의 밀도가 0의 상태로 떨어지고, 마지막 항성의 빛이 꺼진 후에는 어떤 빛도 생명도 존재하지 않는 대공허로 변해갈 겁니다. 그러나 정상우주론은 대우주를 통해서 신선한 수소가 무에서부터 끊임없이 창생된다고 주장하죠. 이는 질량불변의 법칙에 위배된다고 생각할지 모르지만, 태초에 물질이 창생되었다면 지금 그러지 말란 법도 없다는 것이죠.

그러면 물질이 어떻게 무에서부터 창조될까요? 그것에 대해서는 이렇게 설명합니다. 우주가 팽창하면서 온도가 떨어지면 우주를 가득 채우고 있는 양자장이 음의 압력을 내게 됩니다. 이것이 물질 사이에 밀힘(반중력)을 일으켜 우주 공간이 급팽창합니다. 공간이 팽창한 만큼 우주의 에너지가 증가하는데, 이 에너지가 급팽창이 끝나면서 물질로 바뀝니다. 이 이론대로라면 대우주는 태초도 없고 종말도 없이 영구적으로 일정한 물질 밀도를 가지며 정상인 상태로 남아 있을 수 있죠. 이처럼 정상우주론은 떠들썩한 탄생이나 음울한 종말이 없다는 점에서 강한 매력을 지닌 우주론이었습니다.

정상우주론의 맞은편에서 선 우주론이 빅뱅우주론입니다.

팽창하는 대우주의 의미를 담고 있는 이 우주론은 현재 팽창 일로에 있는 우주는 사실 먼 과거 어느 한 시점에 실제로 있었던 대폭발의 결과물이라는 것입니다. 1931년, 벨기에 천문학자이자 예수회 사제인 조르주 르메트르 신부는 대우주는 극단적으로 높은 밀도와 온도를 가진 물질의 응축된 방울에서 시작했다고 제안했습니다. '원시의 알'이라 할 만한 이 '원시원자(primeval atom)'는 대우주의 모든 물질과 복사를 포함한 것으로, 내부 압력으로 말미암아 대폭발을 일으켜 급격히 팽창하기 시작했다고 합니다.

방울 안의 모든 물질은 소립자들인 전자·중성자·양성자로, 팽창이 진행될수록 원시물질의 밀도와 온도는 급격히 떨어져 양성자와 중성자가 융합하고, 원자핵을 만들기 시작합니다. 시간이 흘러감에 따라 우주의 물질은 더욱 냉각되고 은하로 응축되었으며, 은하 내부에서는 항성으로 뭉쳐졌습니다.

우주 탄생 38만 년 후, 온도가 3천 도 아래로 내려가자 수소 원자핵인 양성자와 헬륨 원자핵이 전자를 붙들 수 있게 되었고, 이로써 우주 속의 자유 전자 수가 적어지고 전자 안개가 걷히면서 비로소 광자는 아무것에도 방해받지 않고 우주를 내달릴 수 있게 되었습니다. 곧, '빛이 있으라'가 실현된 것입니다. 우주가 투명해진 것이죠. 이때 전자의 방해에서 벗어나 우주를 달리기 시작한 최초의 빛이 바로 오늘날 우리가 보는 우주배경복사입니다.

그후로도 우주는 빛보다 더 빠른 속도로 팽창을 거듭했고, 이윽고 몇십억 년이 흐른 후 오늘 존재하는 것과 같은 상태에 도달하기에 이른 것이죠. 그러므로 이러한 팽창을 거슬러올라가면 우주의 기원, 즉 르메트르가 '어제 없는 오늘'이라고 불렀던 태초의 시공간에 도달한다는 것입니다.

그럼 그 이전에는 무엇이 있었으며, 왜 대폭발이 일어났는가 묻는 것은 아무런 의미가 없는 셈이 된다는군요. 시간과 공간이 그때 비로소 시작되었기 때문이라는 거죠. 곧, 대폭발은 우주 사건의 지평선인 것입니다. 인간의 모든 사고와 지식은 그 선에서 멈추고 맙니다. 그래서 과학자들 중에는 "우주의 기원이 무엇이냐는 물음에는 답이 없다가 정답이다"라거나, "우주는 무(無)로부터 저절로, 그리고 필연적으로 생겨났다"고 말하는 이가 있습니다.

빅뱅에 의해 팽창하는 우주에서는 은하들 사이의 거리와 그들이 서로 멀어져가는 속도를 알 수 있습니다. 이는 곧, 팽창이 시작된 시점까지의 시간을 계산해낼 수 있다는 뜻입니다. 이 같은 방법으로 빅뱅우주론 제창자들은 우주의 나이는 약 100억 년이라는 결론에 도달했습니다. 곧, 100억 년 전에 우주탄생을 알리는 대폭발이 실제로 일어났다는 것이죠. 세기의 천재 아인슈타인조차 인식하지 못했던 팽창우주부터 우주상수와 블랙홀까지, 현대 우주론의 중요한 발전에 큰 역할을 한 르메트르는 현재의 시간에 대해 이렇게 말합니다.

"이 세상의 진화는 이제 막 끝난 불꽃놀이에 비유될 수 있다. 이 우주는 약간의 빨간 재와 연기인 것이다. 우리는 식어빠진 잿더미 위에 서서 별들이 서서히 꺼져가는 광경을 지켜보면서, 이제는 이미 지워져 사라져버린 태초의 휘광을 회상하려 애쓰고 있는 것이다."

두 우주론의 승부는 르메트르가 말한 '태초의 휘광'의 증거물이 발견됨으로써 결정되었습니다. 1965년 프린스턴 대학의 로버트 디케는 태초의 강렬한 복사선의 잔재가 오늘날까지 남아 있으며, 감도 높은 전파 안테나로 검출할 수 있다는 결론을 내놓았습니다. 그런데 그 잔재는 이미 다른 두 물리학자에 의해 발견되어 있었죠.

미국 물리학자 펜지어스와 윌슨이 벨 연구소에 설치된 대형 안테나의 소음을 없애기 위해 비둘기똥을 청소하다가 배경복사의 전파를 잡아냈던 겁니다. 아무리 안테나를 청소해도 끊임없이 들려오는 잡음을 잡을 수가 없어 프린스턴의 디키에게 전화해본 결과, 일찍이 조지 가모프가 예언했던 우주창생의 마이크로파임이 밝혀졌던 거죠. 바로 대폭발의 화석이라 불리는 우주배경복사였습니다.

그 공으로 두 사람은 어떤 논문을 쓰지도 않았음에도 1978년 노벨 물리학상을 받았습니다. 우주배경복사를 혈안이 되어 찾았던 디키 연구진은 손가락만 빨았을 뿐이고요. 그래서 사람들은 펜지어스와 윌슨이 비둘기똥을 치우다가 금덩이를 주웠다고 우스갯소리를 하기도 했지요. 지금도 우리는 그 배경복사를 직접 볼 수 있습니다. 당장에라도 말입니다. TV를 켜면 됩니다. 방송이 없는 채널에 지글거리는 줄무늬 중의 1%는 바로 그것입니다. 137억 년이란 억겁의 세월 저편에서 달려온 빅뱅의 잔재가 여러분 눈의 시신경을 건드리는 거라고 생각해도 결코 틀린 말은 아닙니다. 놀랍죠? 안 믿깁니까? 하지만 이건 과학입니다.

빅뱅의 화석이 발견되었다는 소식은 임종을 앞둔 르메트르에게도 전해졌습니다. 평생 신과 과학을 함께 믿었던 빅뱅의 아버지 르메트르는 1966년에 우주 속으로 떠나갔습니다. 그의 나이 향년 72세였습니다.

더욱 자세한 관측에 의해 빅뱅 이후 급팽창한 우주는 거의 순식간이라고 할 수 있는 38만 년 만에 현재 지금의 모습을 갖춘 것으로 분석되었습니다. 그리고 우주의 나이는 오차 범위 1% 수준에서 137억 년으로 밝혀졌지요. 오늘날까지도 천문학자들이 은하들이 어떻게 형성되었는지를 완전히 파악한 것은 아니지만, 물질이나 복사 분포의 아주 작은 불균일성에서 은하의 씨앗이 태어나 그것이 진화해온 것으로 생각하고 있습니다. 이 불균일성이 우주의 생성 초기에 존재하지 않았다면 우주에는 은하나 별 그리고 다양한 화학원소도 없었을 것이고 행성이나 생명체도 생겨날 수 없었을 것입니다.

태초의 불균일성을 찾기 위해 인공위성이 발사됐습니다. 코비 위성이지요. 코비는 10만분의 1 수준에서 불균일성을 감지해냈습니다. 이것은 빅뱅 38만 년 후의 우주의 구조를 보여줍니다. 이 결과

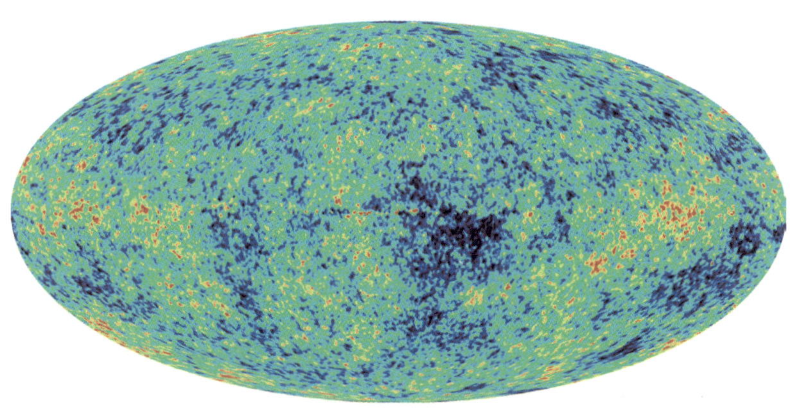

우주배경복사. 아기 우주의 모습 코비 위성이 잡은 아기 우주의 모습. 조지 스무트는 기자회견에서 "만일 여러분이 신앙이 있다면, 이것은 신의 얼굴을 본 것과 같습니다"라고 설명했다.

를 발표한 버클리 대학의 조지 스무트는 기자회견에서 "만일 여러분이 신앙이 있다면, 이것은 신의 얼굴을 본 것과 같습니다"라고 설명했죠. 스티븐 호킹도 "이 발견은 역사상 최고는 아닐지 모르지만, 금세기 최고의 발견이다"라고 평가했습니다.

이 공로로 조지 스무트와 존 마셔는 2006년 노벨 물리학상을 받았습니다. 우주배경복사로 두 차례나 노벨상이 주어졌다는 것은 빅뱅우주론의 최종적인 승리를 뜻하는 것이었죠. 이로써 정상우주론은 설 자리를 잃게 되고, 인류는 진화하는 우주의 미래를 생각하게 되었습니다.

그럼, 우주는 앞으로 어떻게 될까요? 그것은 전적으로 이 우주에 물질이 얼마나 있는가에 달려 있습니다. 우주밀도와 임계밀도의 관계에 따라 그 가능성은 세 가지입니다. 참고로, 우주의 임계밀도는 $1m^3$당 수소원자 10개 정도입니다. 이것은 인간이 만들 수 있는 어떤 진공상태보다도 완벽한 진공이죠. 우주는 이처럼 태허(太虛) 자체입니다. 색즉시공이죠.

우주의 미래는, 우주밀도가 임계밀도보다 작다면, 우주는 영원히 팽창하고(열린 우주), 그보다 크다면 언젠가는 팽창을 멈추고 수축하기 시작할 겁니다(닫힌 우주). 또 다른 가능성은 팽창과 수축을 반복하며 끝없이 순환하는 것이죠(진동 우주). 우주밀도와 임계밀도가 같아 곡률이 없는 평평한 우주라면, 언젠가 우주팽창이 끝나지만 그 시점은 무한대입니다.

그렇다면 우주의 현재 상태는 어떨까요? 우주 팽창 속도가 점점 더 빨라지고 있음이 밝혀졌습니다. 2011년의 노벨 물리학상은 가속되는 우주 팽창의 증거를 잡아낸 물리학자들, 사울 펄무터, 브라이언 슈미트, 애덤 리스 등 세 명에게 돌아갔습니다.

이처럼 우주가 팽창을 계속한다면, 우주는 완전히 동결 상태가 됩니다. 우주의 최후는 얼음 속에서 맞이하게 됩니다. 공간이 팽창할수록 온도는 계속 떨어지고, 절대온도 0K(영하 273°C)에 이르면 모든 원자의 움직임이 사라지기 때문입니다. 우주가 열평형과 엔트로피(무질서도)의 극한을 향해 서서히 무너져가는 것은 우울하지만 피할 수 없는 운명으로 보입니다. 이른바 열사망(熱死亡)[13]이라는 상태죠.

몇백조 년이 흐르면 모든 별들은 에너지를 탕진하고 더 이상 빛을 내지 못할 것이고, 은하들은 점점 흐려지고 차가워질 것입니다. 은하 속을 운행하는 죽은 별들은 은하 중심으로 소용돌이쳐 들어가 최후를 맞이하겠죠, 10^{19}년 뒤에 은하들은 뭉쳐져 커다란 블랙홀이 될 것입니다. 우주론자 에드워드 해리슨은 서서히 진행되는 우주의 파멸을 다음과 같이 실감나게 묘사합니다.

"별들은 깜박이는 양초처럼 서서히 흐려지기 시작하면서 하나씩 꺼져가고 있다. 거대한 천체의 도시인 은하계들은 서서히 죽어가고 있다. 수십억 년이 지나면서 어둠이 깊어져가고 있다. 이따금씩 깜박이는 빛 하나가 우주의 밤을 잠시 빛내며, 어디선가 활동이 생겨나 은하계의 무덤이라는 최종선고를 약간 연기시킨다."

그러나 오랜 시간이 또 지나면 우주의 모든 물질들은 결국 블랙홀로 귀의하고, 다시 10^{108}년이 지나 모든 블랙홀들도 결국 빛으로 증발해 사라집니다.

하지만 한 가지 위안은 있습니다. 자연이 인간에게 베푼 자비라고나 할까, 우주의 종말이 오기까지 걸리는 시간은 상상을 초월할 정도로 엄청나기 때문에 고작 찰나를 사는 인간의 운명과 연결짓는다는 것 자체가 부질없는 짓이라는 점입니다. 또 우주는 100% 과학적으로만 접근해야 할 대상이 아니라, 가슴으로 느껴야 하는 대상이라는 점도 조금은 위안이 됩니다. 인간의 이성이란 게 어차피 한계가 있는 만큼 지식이 다는 아니라는 말이죠. 옛 선사들이 현대의 천문학자보다 우주를 깊이 감득하지 못했다고 누가 단언할 수 있겠습니까.

지난 시대의 사람들은 인간이 우주의 중심이라고 믿어 의심치 않았습니다. 그러나 오늘에 와서 보면 인간은 우주의 중심은커녕 우주의 어느 구석에 있는지도 모를 티끌이요 바람임을 알게 되었습니다. 이 무한 우주 속에서 인간의 의미는 무엇일까요? 그것을 찾는다는 자체가 부질없는 노릇일지도 모른다는 생각이 듭니다.

이 기나긴 우주진화의 여정 속 어느 한 지점에 우리는 잠시 머물 뿐이지요. 정말 잠시입니다. 그러므로 생과 멸이 끝없이 윤회하는 것을 지켜본다는 자각이 필요합니다.

이 우주 속에서 나란 존재는 우주적인 오랜 시간의 흐름 속에서 수많은 조건과 인과에 의해 빚어진 존재입니다. 말하자면 '공(空)'

이고 '무상(無常)'인 것이지요. 인연이 다해 흩어지는 것은 자연의 이치입니다. 삼라만상의 모든 것들은 결합과 해체의 여정 속에 잠시 존재하는 것들입니다.

마지막으로 인플레이션 우주론자인 앨런 구스의 말을 소개하는 것으로 이 강의를 접겠습니다.

"물리학자에게 삶의 목적에 대한 현명한 답을 구하려는 생각은 버려야 한다. 나는 우리의 삶에 목적이 있다고 생각한다. 그러나 그 목적이라는 것은 스스로 만들어가는 것이지, 우주의 창조 의도로부터 유추되는 것은 아니다."

삶의 가치는 우리 사람들 속에 있으므로 그것을 스스로 만들어 나가야 한다는 뜻이겠지요.

이상으로 우주론 여행을 마치겠습니다. 여러분의 행운을 빕니다.

기상천외! 운석 이야기
– 지구는 소행성 충돌로 끝장날 것인가

소행성 충돌 상상도 지름 10km짜리 소행성 하나가 초속 20km 속도로 지구와 충돌하기만 한다고 해도 강도 8 지진의 1천 배에 달하는 격동이 지구를 휩쓸 것이며 대재앙을 피할 수 없게 될 것이다.

산책하다가 넘어져 횡재한 여자

2012년 5월 미국의 한 여성이 마을 공원을 산책하다가 넘어지는 바람에 큰 횡재를 한 기사가 화제가 됐던 적이 있다. 사연인즉 다음과 같다.

미국 캘리포니아 주 엘도라도 카운티에 사는 브렌다 샐비손이라는 중년 여성이 평소처럼 아이들과 강아지를 데리고 마을 로터스 공원을 산책하다가 그만 돌부리에 걸려 넘어지고 말았다. 이때 그녀는 자신의 발 위로 뛰어올라온 조그만 돌조각을 발견했다. 설탕 한 숟가락 정도의 크기밖에 안 되는 17g짜리 돌조각이었다. 그녀는 직감적으로 평범하지 않은 돌이라 느껴 며칠 뒤 인근 과학박물관을

운석을 주운 브렌다 샐비손과 화제의 운석 돌부리에 걸려 넘어진 주부 브렌다 샐비손이 2만 달러짜리 운석을 우연히 주어 뜻밖의 횡재를 하게 되었다. 이 운석은 분석 결과 40억~60억 년 된 것으로 밝혀졌다.

찾아 감정을 의뢰한 결과, 그 조그만 돌멩이는 우주에서 날아온 운석 조각으로 확인되었다.

약 40억~60억 년 전의 것으로 보이는 이 운석 조각은 태양계가 형성된 지 얼마 안 된 시점에 지구로 떨어진 것으로 추정되었다. 감정가는 무려 2만 달러(약 2200만 원)였다. 운 좋은 사람은 엎어져도 돈을 줍는다더니, 샐비손의 경우는 돈에 비할 바가 아니다.

샐비손의 소식이 알려지자 그 공원 일대에는 '보석보다 비싼 돌'을 줍기 위해 마을 주민은 물론, 과학자들까지 몰려들어 한동안 '골드러시'를 연상시킬 정도였다고 한다. 물론 두 번째 운석을 주운 사람은 나타나지 않았다.

매일 100톤씩 떨어지는 운석

놀랍게도 이런 운석이 매일 평균 100톤, 1년에 4만 톤씩 지구에 떨어지고 있다. 먼지처럼 작은 입자의 우주 물질은 1초당 수만 개씩, 지름 1mm 크기는 평균 30초당 1개씩, 지름 1m 크기는 1년에 한 개 정도씩 지구로 떨어진다. 하지만 그 3분의 2가 바다에 떨어지고, 나머지는 대부분 사람이 살지 않는 지역에 떨어지는 통에 거의 발견되지 않는다. 과학자들이 최신 장비들을 동원해 이 운석들을 찾아나서는 것은 운석에는 태양계의 발단과 다른 행성의 생명체에 관한 비밀이 숨어 있기 때문이다. 운석은 태양계 생성의 비밀이 새겨진 로제타 석이라 할 수 있다.

고대에는 운석이 종교적 숭배의 대상이 되기도 했다. 고대 그리스인들은 낙하하는 운석을 보고 제우스가 지구로 떨어뜨린 것이라 생각했다. 아르미테스 신전은 운석이 떨어진 자리에 세운 것이다. 하지만 운석이 우주에서 떨어진 암석이라는 인식은 꽤 오래전부터 있었다. 동양에서는 "별이 땅에 내려와 돌이 되었다"라는 기록이 있다. 고대 이집트인들이 철을 '하늘의 선물'이라 했으며, 수메르인들은 '천상의 금속'이라 불렀는데, 이는 모두 운석을 의미하는 것이다.

날마다 지구를 찾아오는 외계의 손님, 운석이란 과연 무엇인가? 우리가 흔히 말하는 별똥별, 곧 유성체가 타다 남은 암석이다. 그래서 운석을 별똥돌이라고도 한다. 그러면 이런 유성체는 어디에서 오는 것일까? 대부분은 지구에서 약 4억km 떨어진 화성과 목성 사이에 위치한 소행성대에서 온다.

소행성이란 태양 주위를 공전하는 행성보다 작은 천체를 말한다. 소행성대에는 크기가 트럭만 한 것에서부터 수백km나 되는 거대한 우주 암석들이 빽빽이 모여 있는데, 2010년 1월 30일 현재 23만 1665개가 등재되어 있다. 그중에서 가장 덩치가 큰 소행성은 1801년에 처음 발견된 세레스(Ceres)로서, 지름이 1020km다. 그러나 이 모든 소행성들을 다 합쳐도 달 질량의 4%에 지나지 않는다.

이 수많은 소행성들은 모두 45억 년 전 태양계가 형성될 때부터 존재해온 물질들이다. 이것들은 잘하면 행성이 될 수도 있었는데, 목성의 조석력이 하도 크다 보니 행성이 채 되기도 전에 바스라져 버린 행성 부스러기라 할 수 있다.

행성 간 공간에 혜성이나 소행성이 남긴 파편들이 떠돌아다니다가, 초속 30km의 속도로 태양 주위를 공전하는 지구로 끌려들어오면, 초속 10~70km의 속도로 지구대기로 진입, 대기와의 마찰로 가열되어 빛나는 유성이 된다. 이를 화구(火球, fireball)라 한다. 대부분의 유성체는 작아서 지상 100km 상공에서 모두 타서 사라지지만, 큰 유성체는 그 잔해가 땅에 떨어지는데, 이것이 바로 운석이다.

지구를 포함한 태양계 나이를 알아낸 단서는 이 소행성대에서 온 운석에서 얻어진다. 운석이 출발한 곳은 지구 대기권에 불타며 떨어지는 운석의 방향과 각도만 알면 계산해낼 수 있다.

최근 가장 장관이었던 운석 낙하는 1992년 10월 9일 미국 뉴욕 피크스킬 운석 낙하였다. 오전 8시 43분쯤 꽁꽁 얼어붙은 캐나다 브리티시 컬럼비아 주 타기시 호수 위로 낮인데도 혜성처럼 환하게 빛나는 운석 조각들이 거대한 폭발음과 함께 쏟아져내렸다. 운석 조각들이 떨어진 지역은 길이 16km, 폭 3km에 달했으며 500여 개의 파편이 수거됐다. 과학자들은 애초 200톤가량 크기였던 이 운석은 700만 년 동안 초속 10km의 속도로 5억km의 우주 공간을 날아와 지구 대기권과 충돌한 것으로 추정했다. 이 운석은 제트기가 음속을 돌파할 때 내는 폭발음과 함께 70개가 넘는 조각으로 부서지며 낙하했다. 일부 조각은 자동차에 떨어져 차가 파손되기도 했다.

매일 100톤씩 지구에 떨어지는 운석. 생각해보면 이 우주 안에서 100% 안전한 곳은 하나도 없다. 그 확률이 희박할 따름이지, 운석은 지금 이 순간도 내 뒤통수를 후려칠 수 있는 것이다.

실제로 운석에 맞아 부상당한 사례도 있다. 1954년 11월 30일, 미국 앨라배마 주에 사는 헐릿 호지스라는 이름의 한 부인이 집안에 있다가 운석에 맞아 허벅다리를 심하게 다쳤다. 19kg짜리 운석이 지붕을 뚫고 들어와 먼저 라디오를 박살낸 뒤 이 부인의 허벅지를 강타했던 것이다. 바로 맞았다면 생명을 잃을 수도 있었을 것이다.

이외에도 운석 충돌 사건이 수도 없이 많지만, 다행히 인명 피해를 낸 적은 없었다. 하지만 1911년 이집트에서 개 한 마리가 재수 없게도 화성 운석에 맞아 죽었다는 기록이 있다. 속된 말 그대로 개죽음인 셈이다. 운석에 의해 생명을 잃은 유일한 사례다.

드문 예이긴 하지만, 어떤 때는 우박처럼 운석들이 떨어지기도 한다. 그런 사고가 2003년 9월 27일 인도에서 발생했다. 인도 동부 오리사 주의 여러 마을에 그날 저녁 운석이 덮쳐 최소한 20명이 크고 작은 부상을 당했다. 현지 주민들은 갑자기 사방이 대낮처럼 훤해지고 창문이 심하게 덜커덕거려 극심한 공포에 휩싸였다고 한다.

이처럼 우주에서 날아온 운석이 지붕을 뚫거나 차를 찌그러뜨리는 일들이 심심찮게 일어난다. 하지만 크게 다치거나 목숨을 잃지만 않는다면, 그건 횡액이 아니라 엄청난 행운이다. 운석이 지붕 수리비나 찻값보다 적어도 10배 이상의 값어치가 나가기 때문이다.

오염되지 않은 희귀 운석은 이처럼 '우주의 로또'가 되기도 한다. 화성에서 온 운석이나 지구 물질에 오염되지 않은 운석 등은 1g당 1천만 원을 호가한다.

2011년 7월 모로코에 총 무게가 6.8kg에 달하는 운석들이 떨어졌는데, 화성에서 온 것으로 밝혀졌다. 운석들 중 가장 무게가 무거운 것은 0.9kg에 달한다. 미 항공우주국과 박물관, 대학들은 황금의 10배에 달하는 가격을 주고 운석들을 앞다퉈 사들였다. 화성에 생명체가 존재할 가능성을 연구하는 데 중요한 단서가 될 것으로 여기기 때문이다. 타기시 호수 주변의 한 남성도 85g의 '타기시 운석'을 주어 75만 달러에 팔았다. 그러므로 집 뒷마당에 운석이 떨어졌을 때 가장 먼저 해야 할 일은 재빨리 비닐장갑을 끼고 운석을 수거해서는 밀봉한 다음 냉동고에 집어넣는 일이다.

현재 지구 표면에 남아 있는 큰 운석 충돌 크레이터의 수는 약 170개 정도로, 이들은 비교적 최근에 형성된 것들이다. 왜냐하면 지구 표면에서는 기상현상과 지질활동 등이 쉼없이 일어나 크레이터의 흔적들을 지워버리기 때문이다. 지구에서 발견된 가장 큰 충돌 크레이터는 남아프리카 공화국에 있는 브레드포트 크레이터로, 지름이 무려 300km다. 가장 오래된 것은 러시아의 수아브야르비 크레이터로 24억 년 전의 것으로 추정되고 있다.

46억 년 지구의 역사 중에서 가장 유명한 운석 충돌은 멕시코 유카탄 반도의 칙술루브에 떨어진 소행성 충돌일 것이다. 지름 10km의 소행성이 떨어져 지름 180km의 크레이터를 만들었다. 약 6500

만 년 전 백악기 말 공룡을 비롯한 지구생명체의 약 70%가 멸종했는데(K-T 대량멸종 사건), 그 원인이 바로 칙술루브 소행성 충돌이라고 한다.

무게 1조 톤, 낙하속도 초속 30km로 돌진한 소행성으로 일어난 이 대충돌은 해일, 지진, 폭풍과 같은 천재지변을 유발했고, 이때 대기 상층으로 솟아오른 먼지가 햇빛을 완전히 가려 식물을 말라죽게 하고 동물을 멸종하게 만든 원인으로 작용했다는 것이다. 지구상의 공룡은 이때 대멸종의 운명을 맞았다.

운석이 만든 엄청난 다이아몬드 광산

운석 충돌이 한 나라에 거대한 부를 안겨준 희귀한 사례도 있다. 운석 충돌로 인한 고열과 압력으로 엄청난 규모의 다이아몬드가 생성되었던 것이다. 그 행운의 나라는 바로 러시아다. 러시아 동부 시베리아에 전 세계 매장량의 10배에 달하는 다이아몬드 수조 캐럿이 매장돼 있다는 사실이 2012년 9월 언론에 보도되었는데, 그 장소가 바로 운석이 충돌한 크레이터라는 것이다. 매장량은 자그마치 향후 3천 년간 시장에 공급할 수 있는 양이다.

포피가이 아스트로블렘(Popigai Astroblem)으로 불리는 이 크레이터는 약 100km 크기로, 그간 소행성 충돌로 생긴 많은 다이아몬드가 매장돼 있을 것으로 추정되어왔다. 이곳의 다이아몬드는 일반 보석보다 두 배나 단단하며 산업과 과학적 용도에 이상적이라고 한다. 이 포피가이 다이아몬드 광산개발이 본격화될 경우, 러시아 최

지구상 최대 운석공인 배린저 운석공 지금까지 지구에서 발견된 최대 운석공으로 미국 애리조나 주 캐니언 다이아블로 사막에 있다.

대 다이아몬드 노천 광산인 시베리아 사하 공화국의 미르니 광산도 '토끼굴' 수준에 불과할 것으로 전망되고 있다.

현존하는 운석공으로 가장 유명한 것은 미국 애리조나 주 캐니언 다이아블로 사막에 있는 배린저 운석공일 것이다.

지름 1200m의 밥공기 모양을 하고 있는 이 운석공의 주벽은 평원보다 39m가 높고, 바닥보다는 175m나 높다. 약 2만 년 전 커다란 철 운석군의 낙하로 만들어진 것으로, 애리조나 운석공이라고도 한다. 이 정도 크기의 운석공이 생기려면 약 6만 톤짜리 운석이 낙하했을 것으로 추측되며, 그 운동 에너지는 대략 히로시마 원자폭탄 1만 개와 맞먹는 위력이다. 운석을 분석해본 결과 거의 모든 화학원소가 발견되었고, 나이도 45억 년이나 되는 것도 있어 복잡한 열적, 화학적 변화의 역사를 겪었던 것으로 밝혀졌다.

세상에서 가장 유명한 운석, 앨런 힐스

지구상에서 운석을 찾아내기 가장 좋은 곳은 남극대륙이다. 지구에서 발견된 운석의 70% 이상이 남극에서 발견되었다. 운석은 세계 각지에 떨어지지만 대부분 바다 밑으로 가라앉거나 땅속에 묻혀버린다. 게다가 지구 암석과 비슷해 쉽게 눈에 띄지 않는다. 하지

만 남극대륙에서는 운석 조각
들이 빙하에 의해서 운반된다.
특히 남극대륙의 동쪽에 있는
거대한 블루 아이스(blue ice)
지역은 오염되지 않은 불모지
로 남아 있어서 운석 찾기에
가장 좋은 곳이다. 썰매를 타
고 이 지역을 횡단하다 검은
바위가 머리를 삐쭉 내밀고

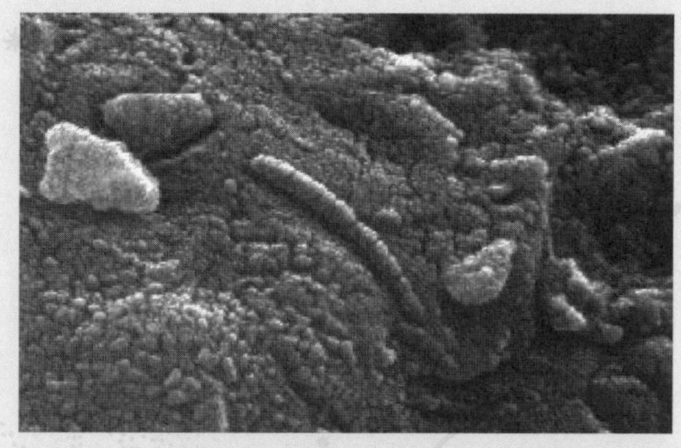

앨런 힐스 운석의 화석 형태 NASA의 연구진들은 이 운석을 분석하여 화성에 생명체가 존재했거나 존재하고 있을 개연성을 높여주는 결과를 얻었다.

있는 것을 발견한다면 운석일 가능성이 매우 높다.

　세계에서 가장 유명한 운석도 남극에서 발견된 것이다. 앨런 힐스라는 이름의 이 운석이 유명해진 것은 다른 외계 생명체의 존재에 관한 증거일 수도 있다는 사실 때문이다.

　1984년 남극의 빙하에서 발견된 이 운석은 곧 NASA로 보내졌고, 과학자들은 이것이 소행성의 파편이 아니라 화성의 돌이라고 결론지었다. 화학적 구성 성분이 화성 암석과 같을 뿐만 아니라, 운석 속 기포의 기체를 분석한 결과, 화성의 대기 성분과 정확하게 일치했던 것이다. 게다가 그 운석에서 '화석'으로 보이는 것을 찾았다. 최신 연대측정 기술을 이용해 지구까지의 여정을 복원한 결과, 앨런 힐스 운석은 1600만 년 전 소행성 충돌로 화성에서 떨어져나와, 1만 3천 년 전까지 우주를 떠돌아다니다가 지구의 중력장 안으로 들어왔고, 대기권을 통과해 남극의 빙하지대에 떨어졌다는 것이다.

야구공만 한 크기의 앨런 힐스 운석 1984년 남극의 앨런 힐스에서, 화성에서 떨어진 1.9kg운석이 발견되었다.

1.9kg의 앨런 힐스는 겉으로 보기엔 야구공만 한 평범한 초록빛 돌로 보이지만, 그 나이는 무려 45억 년 묵은 것임이 밝혀졌다. 지구 암석 중에 가장 오래된 것이라 해도 40억 년을 넘지 않으며, 달에서 나온 이른바 창세기의 돌(Genesis Rock)만이 앨런 힐스와 견줄 만한 연대다. 말하자면 앨런 힐스는 태양기 초기에 태어나 45억 년 동안 본모습을 유지해온 불굴의 유물이라 할 수 있다.

그러나 이 모든 것보다 이 운석을 더욱 유명하게 만든 것은 지구 원시 박테리아가 만들어낸 것과 비슷한 내부 형태와 잔해를 갖고 있다는 점이다. 운석 안에는 탄산염이라는 미세한 금빛 입자가 있는데, 여기에 화성 생명체에 관한 비밀을 품고 있다. 지질학에서 탄산염이 존재한다는 것은 보통 물이 있는 장소에서 왔다는 것을 의미한다. 화성에는 한때 물이 있었고, 지금도 있을지 모른다. 얼마 전 화성 탐사로봇 큐리오시티가 화성 표면에 물이 흐른 자국을 담은 사진을 전송해와 적어도 한때 화성에 물이 있었다는 확고한 증거를 보여주었다.

물이 있는 곳에는 생명체도 있을 수 있다. 과학자들은 화성 생명체의 증거가 이 탄산염 안에 숨어 있다고 믿고 있다. 만약 여기서 생명의 확고한 증거가 발견된다면 지구 이외의 천체에서 최초로 생명

존재를 발견한 역사적 사실
이 된다.

　그럼 지구상에서 발견
된 단일 운석 중 가장 큰 것
은 얼마만한 것일까? 아프
리카 나미비아에 있는 호바
운석이 그 주인공이다. 크
기가 무려 2.95×2.84m나

지구상 최대 운석인 호바 운석 지금까지 발견된 운석 가운데 가장 큰 운석으로 1920년에 발견되었으며 1955년 나미비아의 국가 기념물로 지정되어 보호받고 있다.

되며, 무게는 약 60톤이다. 이 운석이 발견된 것은 1920년이지만, 지구에 떨어진 지는 무려 8만 년이나 된다. 운석의 성분은 철과 니켈 등인데, 철이 84%를 차지한다. 1g당 1천 달러로 계산하면 천문학적인 금액이 나오는 이 운석은 나미비아 국가 기념물로 지정되어 관광 명소가 되고 있다.

지구 종말은 소행성 충돌로?

　이처럼 다양한 얼굴을 가진 운석이지만, 문제는 그 가공스러운 충돌이 가져올 대재앙이다. 지름 10km짜리 소행성 하나가 초속 20km 속도로 지구와 충돌하기만 한다고 해도 강도 8 지진의 1천 배에 달하는 격동이 지구를 휩쓸 것이며 대재앙을 피할 수 없게 된다. 그런 연유로 지구 종말은 소행성 충돌에 의한 것이라는 공포가 광범하게 퍼져 있는 실정이다.

　시속 수만km의 무서운 속도로 떨어지는 운석의 파괴력은 실로 가공스러울 정도다. 지름이 수백 미터나 되는 운석이 지상에 떨어지면 과연 어떤 일이 일어날까? 그 순간의 파괴력은 히로시마 원자폭탄 수십만 개를 한꺼번에 터뜨린 것과 맞먹는 수준으로 그야말로 끔찍한 상황이 연출될 것이다.

충돌 크레이터의 지름은 보통 운석 지름의 20~50배나 된다. 하지만 큰 충돌 크레이터 내에서 큰 운석이 발견되는 경우는 드물고, 크레이터 주변에서 동심원상으로 흩어진 매우 작은 파편으로 발견된다. 큰 크레이터를 만들 정도로 강력한 충돌은 그 엄청난 에너지로 운석을 거의 증발시키거나 녹여버리기 때문이다.

지름 수백km의 거대한 운석이 지상에 떨어지면, 운석은 지각을 1km까지 뚫고 들어가며, 2만 도까지 치솟는 고열로 땅은 젤리처럼 녹아들어간다. 주변 암석은 5분의 1초 만에 원래 부피의 4분의 1까지 압축되었다가 폭발적으로 증발한다. 지표면은 파도처럼 파동치면서 1, 2초 사이 수백 킬로미터 반경의 모든 생명은 끝장난다.

충돌 2초 후엔 반동으로 인해 분출단계가 시작된다. 바닥면이 튕기면서 운석과 주변 암석이 증발하고, 엄청난 양의 암석, 용융 물질, 재, 기체를 날려보낸다. 이것들은 지구 대기의 성층권까지 올라가 수만 년에 걸쳐 지상으로 떨어지게 된다. 또 기화되었던 암석은 다시 응결되어 유리질로 된 물방울 모양의 텍타이트를 형성하여 넓은 지역에 흩뿌려진다. 하늘로 올라간 재는 햇빛을 차단하고, 지구 전체에 어둠과 추위를 가져온다. 이른바 핵겨울이 수년 이상 지속될 것이다.

거대한 운석이 바다에 떨어진다면 해저 밑바닥까지 도달하며 수십에서 수백 미터 높이의 거대한 쓰나미를 일으켜 지구상의 도시들 대부분을 파괴할 것이다. 뿐만 아니라, 4천 도에 이르는 엄청난 암석 증기를 뿜어내 삽시간에 지구 전체 표면을 감싸버리는데, 그 시간은 하루면 족하다. 열대우림도 남북극의 얼음도 한 점 남아나지 않을 것이며, 바다는 끓어올라 한 달이면 온통 바닥을 드러낼 것이다. 그후의 지구에는 무엇이 남을까? 완전히 타버린 감자에 아무것도 남아 있을 게 없듯이 지구 역시 한 덩이의 숯이 되어 있을 것이다. 어떤 경우든 지구 생물의 대멸종은 피할 수 없는 운명이 된다.

이러한 대재앙을 피하기 위해 과학자들은 최선의 방법들을 찾아내는 데 여념이 없다. 지구로부터 0.05AU 이내에 접근하는 천체를 지구접근천체(Near-Earth Object, NEO)라 하는데, 지금까지 발견된 NEO 개수는 총 9153개. 이중 지름이 150m를 넘어 지구와 충돌했을 때 심각한 피해가 예상되는 천체를 '지구위협천체'라고 부른다. 지금까지 모두 1328개가 발견되었다.

미 항공우주국(NASA), 국제천문연맹(IAU), 유럽우주국(ESA) 등은 관측한 자료를 공유하며 실시간으로 소행성과 혜성이 지구와 충돌할 가능성을 계산하고 있다. 그러나 개중에는 추적하기가 까다로운 천체도 적지 않다.

특히 천문학자들이 우려의 눈길로 주목하고 있는 소행성이 하나 있다. 바로 축구장보다 큰 철광석 소행성인 아포피스다. 그 소행성은 2029년 4월 13일 금요일, 3만 5천km 이내로 근접 통과할 것으로 예측되고 있다. 이는 지구와 달 사이 거리의 10분의 1 수준으로 거의 충돌이나 마찬가지다. 그 접근 거리는 지구 표면과 정지 위성 사이를 통과할 정도다. 아슬아슬하기는 하지만, 2029년에 실제 충돌은 없을 것이라고 천문학자들은 말한다.

하지만 문제가 없지는 않다. 바로 '열쇠 구멍'이 문제다. 열쇠 구멍은 지구의 중력이 소행성을 약간 끌어당겨 소행성의 공전궤도를 바꿀 수 있는 아주 좁은 우주 공간을 말한다. 아포피스의 경우 열쇠 구멍의 폭은 약 500m다. 만약 250m 크기의 이 암석이 이곳을 통과할 경우 지구의 중력이 아포피스를 살짝 끌어당겨 7년 후 되돌아올 땐 캘리포니아와 하와이 제도 사이에 떨어질 것이라 한다.

그렇다면 우리의 대응책은 무엇인가? 과학자들은 위협천체와 지구가 충돌하는 것을 막기 위해 다양한 방법들을 연구하고 있다. 고출력 레이저로 소행성을 태우는 방안이 그중 하나다. 비행기에서 고출력 레이저를 쏘아 소행성 한쪽 면을 태워버림으로써 소행성 무게 평형을 깨뜨려 궤도를 뒤틀리게 하는 방법이다.

또 '솔라 콜렉터' 위성을 발사해 태양빛을 소행성 한쪽 면에 집중시켜 궤도를 바꾸는 방안도 연구중이다. 이 위성에 햇빛을 모아 반사시킬 수 있는 장비를 달아 소행성에다 쏘면 태양빛 압력으로 궤도를 뒤로 밀 수 있기 때문이다.

또 간단하게 핵무기를 쏴 소행성을 폭발시키는 방법도 있을 수 있다. 하지만 그 잔해와 방사능이 고스란히 지구로 떨어지는 2차 피해를 일으킬 수 있어 이는 현실적으로 사용할 수 없는 방안이다.

우리나라도 내년부터 지구위협천체에 대한 연구를 본격적으로 시작한다. 국회에 제출된 '우주개발 진흥법 일부개정법률안'이 통과되면 우주 위험에 대비하기 위한 조치로 우주환경감시기관이 설치돼 급변하는 우주 환경에 실시간으로 대비하는 기관도 설립된다.

하지만 안심하기는 이르다. 크기가 작거나 햇빛을 반사하지 못하는 어두운 천체는 지구 가까이 접근하기 전까지는 발견하기가 쉽지 않다. 특히 지구로 접근하면서 속도가 빨라지는 혜성은 소행성보다 더 위험하다. 혜성 속도는 초속 75km 정도로, 소행성 속도인 초속 30km보다도 두 배 이상 빠르다. 운이 나쁘면 지구 충돌 하루 전에 혜성을 발견하는 아찔한 순간이 연출될 수도 있다.

원래 우주는 폭력적인 장소다. 우주 안에서 100% 안전한 장소는 없다. 지구는 물론이고, 여러분이 지금 앉아 있는 자리도 마찬가지다. 소행성 충돌은 100만분의 1초 만에 모든 게 끝장날 행성 충돌이나 중성자별 충돌, 블랙홀 충돌, 그리고 은하 충돌에 비하면 씹던 껌에 얻어맞는 정도에 지나지 않을지도 모른다. 하지만 그것이 지구로 향해 꽂힐 때는 말 그대로 지구 종말이 될 것이다.

과연 지구는 소행성 충돌로 끝장날 것인가? 그것이 신의 시나리오인가? 그것은 아무도 모른다. 다만 인류는 이 광포한 우주 속에서 오로지 우연과 행운, 그리고 신의 가호에 의지한 채 살아가야 할 나약한 존재라는 사실만은 확실한 듯하다.

연표로 보는 우주의 역사
－탄생에서 종말까지

137.2 ＋ － 1.2억 년 전　빅뱅으로 우주가 출현하다. 극도의 온도와 밀도를 가진 작은 점, '원시의 알'이 대폭발을 일으켜 시간, 공간, 물질의 역사가 시작되다.

빅뱅 이후 10^{-43}초　플랑크 시간. 하이젠베르크의 불확정성 원리에 따라 물리학이 정의할 수 있는 최소의 시간 단위. 플랑크 시간보다 짧은 시간은 측정할 수도, 설명할 수도 없다.

10^{-43}~10^{-35}초　대통일 이론 시대. 우주의 온도 약 10^{27}℃. 원자핵도 존재할 수 없는 온도로, 빛과 입자의 원료들이 뒤섞인 형태의 에너지만이 존재한다. 4가지 기본 힘인 중력, 전자기력, 약력, 강력 중 중력 외 나머지 3가지 힘은 이 시기에 대통일력으로 통합되어 존재했을 것으로 추정된다.

10^{-35}~10^{-32}초　급팽창(Inflation) 시대. 우주가 짧은 시간에 지름 기준 10^{43}배, 부피로는 10^{129}배의 엄청난 팽창을 겪다. 이러한 급팽창은 우주의 에너지가 상태를 바꾸는 일종의 상전이현상을 일으켜 강력이 대통일력에서 분리되기 시작하다.

10^{-32}~10^{-4}초　강입자의 시대. 쿼크로 구성된 최초의 강입자 탄생. 위 쿼크와 아래 쿼크가 모여 양성자(수소 원자핵)와 중성자가 만들어지다.

10^{-4}~1초　입자와 반입자가 탄생하다.

1초~3분　빅뱅 핵합성. 광자 시대 동안 우주의 온도는 원자핵이 형성될 수 있을 정도로 식게 되고, 중성자는 핵융합 반응으로 원자핵 안에 결합되기 시작하다. 우주의 온도는 100억℃~1억℃ 정도까지 낮아진 상태로, 양성자간의 결합 작용, 즉 수소 핵융합 반응이 일어나는 환경이 되다. 그 결과 다량의 헬륨이 생성되다.

3분~38만 년　입자와 반입자가 쌍소멸하여 입자만 남게 되다. 우주의 에너지는 광자가 지배하게 되다. 광자들은 가속된 양성자, 전자 그리고 원자핵과 자주 반응하면서 30만 년 동안 이 상태를 유지하다.

38만 년 재결합. 우주가 팽창하던 중 특정 온도(약 3000℃)까지 낮아지는 순간, 우주 전체에서 원자핵들이 자유전자와 결합하는 현상이 일어나다. 재결합이 끝날 무렵, 우주 대부분의 원자가 중성을 띠어 광자가 자유롭게 움직일 수 있게 되다. 곧, 빛이 분리되어 우주가 투명해지다. 재결합 직후 방출된 광자가 우주의 역사에 해당하는 시간 동안 움직여 지구에 도달한 것이 바로 지금 우리가 보는 우주배경복사다. 따라서 우주배경복사를 찍은 그림은 이 시대가 끝날 무렵의 아기 우주 모습이다.

3억 년 최초의 별과 은하, 성운들이 형성되다. 우주에 존재하던 원소인 수소와 헬륨이 밀집된 곳에서 태양 질량의 수백 배에 이르는 무거운 별들이 탄생하고, 이 무거운 별들은 100만 년 정도의 짧은 수명이 지난 후 초신성 폭발과 비슷한 큰 폭발로 최후를 맞으며 자신이 핵융합을 통해 생성한 무거운 원소들을 우주에 뿌리다.

46억 년 전 태양계가 형성되다. 거대 분자 구름의 중력 붕괴로 형성된 태양과, 그 중력에 붙잡혀 있는 주변 천체들이 형성되다. 지구 역시 별들이 생성한 무거운 원소들이 뭉쳐져 태양의 행성으로 태어나다.

40억 년 전 지구의 원시대기가 번개의 방전현상에 힘입어 아미노산을 만들다. 이것이 단백질 막을 만들어 생명체의 최초 단위가 되다.

35억 년 전 광합성을 하는 생물이 출현하다.

24억 년 전 대기에 산소가 급격히 증가하는 산소 대증가 사건이 발생하다. 이와 같은 환경 변화와 더불어 진핵생물이 출현하여 물질대사에 산소를 사용하게 되다.

17억 년 전 세포 분화 기능을 갖춘 다세포생물이 출현하다.

7억 2천만 년 전 초기 두뇌의 기원인 대합조개가 나타나다.

5억 4400만~5억 4300만 년 전 새로운 형태의 눈(eyes)이 폭발적으로 증가하다.

4억 5천만 년 전 최초의 육상식물이 출현하다.

2억 9천만~2억 5천만 년 전 페름기에 이르러 포유류의 조상을 포함한 단궁류가 출현하다. 그러나 페름기-트라이아스기 대멸종 사건으로 인해 다수의 생물 종이 멸종하다.

2억 2천만 년 전 사회적 곤충인 벌이 등장하다.

2억 년 전 쥐라기와 백악기에 다양한 공룡이 출현하다. 이들 공룡은 K-T 대멸종 기간에 멸종하다.

1억 3천만~9천만 년 전 속씨식물이 백악기 초기에 출현하다. 속씨식물은 꽃가루를 날라주는 곤충과 함께 공진화를 거쳐 오늘날까지 번성하고 있다.

6500만 년 전 지름 10km의 소행성이 멕시코 유카탄 반도 치크술룹에 떨어져 공룡이 멸종하다. 치크술룹 크레이터의 지름은 200km.

600만 년 전 인간이 유인원과의 공통 조상에서 분화되다.

230만~240만 년 전 사람속이 아프리카에서 오스트랄로피테쿠스로부터 분리되다. 아시아에서 살았던 호모 에렉투스, 유럽에서 살았던 호모 네안데르탈렌시스 등 몇몇 사람속이 진화했으나 그후 모두 멸종하다.

40만~25만 년 전 자바에 직립원인, 중국에 북경원인, 독일에 하이델베르크인 등 고인류가 출현하다.

15만~25만 년 전 서아시아의 크로마뇽인, 그리말디인, 푸세드모스트인, 샹슬라드인, 중국의 산정동인 등 호모 사피엔스가 플라이스토세 중기에 출현하다. 호모 사피엔스는 현생인류의 직접적 조상인 신인新人에 해당한다.

4만~5만 년 전 구석기 시대의 인간이 오스트랄로피테쿠스-호모 하빌리스(손쓴 사람)-호모 에렉투스(곧선 사람)-호모 사피엔스(슬기 사람)-호모 사피엔스 사피엔스(슬기슬기 사람, 현생인류)로 진화하여 지구상에 널리 분포하며 후기 구석기 문화를 발달시키다. 뒤에 여러 인종으로 갈라져 나가다.

BC 4977년 케플러(1571~1630)가 주장한 우주 '창조'의 원년. 이해 4월 27일 일요일에 우주가 창조되었다고 주장.

BC 4241년 이집트에서 1년 365일 달력 창안.

BC 2283년 세계 최초의 일식 기록이 바빌로니아의 우르에서 발견되다.

BC 2136년 이해 10월 22일, 중국의 점성가 두 명이 일식 예언을 실패하여 처형되다.

BC 16세기 중국 최초의 왕조 은殷(BC 16~11세기) 때부터 태음태양력을 사용.

BC 1300년 중국 천문학자가 전갈자리 안타레스 부근에 나타난 새로운 별을 발견.

BC 600년경 탈레스, 만물의 원소는 물이라고 주장.

BC 585년 탈레스, 이해의 일식을 예언.

BC 550년 피타고라스, 피타고라스 정리 증명. 남이탈리아 크리톤에서 피타고라스 학파를 확립, 수학과 천문학의 발전에 기여.

BC 450년경 엠페도클레스, 만물은 불, 공기, 물, 흙의 4원소로 이루어져 있으며, 이들은 '사랑' '증오'에 의해 결합, 분리하면서 생성 변화가 생기고, 우주발전 단계의 차이는 이들 중 어느 것의 힘이 우세한가에 의해 결정된다고 주장.

BC 450년 데모크리토스, 원자설을 주장. 물질을 계속 쪼개어 나가면 더 이상 쪼개어질 수 없는 아주 작은 입자인 원자가 되며, 이들 원자는 모양·위치·크기에 따라 다만 기하학적으로 구별될 뿐이고, 이 세상은 원자와 빈 공간 외에는 아무것도 존재하지 않는다고 주장.

BC 352년 중국 천문학자가 초신성을 발견.

BC 330년 아리스토텔레스, 엠페도클레스의 4원소설을 '4원소 가변설'로 변형. 그 내용은 물, 불, 공기, 흙의 네 원소 외에 물질의 특유한 성질인 건, 습, 온, 냉이 배합되어 만물이 형성된다고 주장.

BC 300년경 유클리드, 유클리드 기하학을 완성.

BC 280년경 아리스타르코스, 지구의 공전과 자전을 설명하고 지동설을 주장.

BC 240년경 에라토스테네스, 태양의 남중고도가 하지점에서 가장 높음을 발견. 최초로 하지 때 태양 고도를 측정하고 지구 둘레를 재다.

BC 220년 아르키메데스, 지레의 원리 및 원주율 발견.

BC 2세기 고대 중국의 우주관이던 혼천설에 기초를 두어 중국에서 혼천의를 처음으로 만들어 천문관측을 하다.

BC 134년 히파르코스, 세차운동을 발견하고 별의 등급을 재다.

BC 46년 율리우스 카이사르, 달력을 개정하기 위해 3달을 추가하여 율리우스력을 만들다.

BC 6년경 기독교의 시조 예수가 로마 제국의 식민지 팔레스타인 지방의 갈릴리에서 유대인으로 태어나다.

AD 78년 중국 후한의 천문학자 장형張衡이 태어나다(~139년). 천구의인 혼천의를 비롯해 지진계라 할 수 있는 후풍지동의候風地動儀를 만들어 천문을 관측하고 지진을 재다.

150년 프톨레마이오스, 고대 천문학의 집대성 『알마게스트』를 쓰고 천동설의 우주 모형을 제창. 이 천동설은 이후 1400년 동안 서구세계에서 대세가 되다. 48개의 별자리를 정하다.

271년 중국에서 나침반이 발명되다.

281년 중국 동진시대의 천문가 우희虞喜가 태어나다(~356년). 지구의 세차운동을 발견.

4세기경 주전원과 이심율을 사용한 그리스계 수리천문학이 인도에 전해지다.

458년 인도에서 최초 0의 기록.

497년 인도 천문학자 아리야하타, 지구 자전을 주장.

647년 신라 선덕여왕 16년, 경주에 첨성대를 세우다.

692년 신라 효소왕 1년에 도증道證 스님이 당나라에서 천문도를 가져오다.

773년 인도에서 온 방문객이 회교국 왕에게 일식 예언을 전하다. 이를 계기로 바그다드에 천문학이 전파되다.

827년 프톨레마이오스의 저서 『수학대계』가 ‘알마게스트’란 제목으로 아랍어로 번역되다.

1006년 이집트의 점성가 알리 이븐 라이드완이 이리자리에서 초신성을 관측하다. 중국, 한국에서도 이 초신성 관측기록이 있다. 지구에서 7천 광년 떨어진 곳에서 폭발한 초신성으로 지금 그 자리에 잔해들이 남아 있다.

1054년 황소자리에서 금성보다 밝은 별이 나타나다. 중국, 일본, 미국 원주민들이 이 초신성을 관측했다는 기록이 남아 있다. 오늘날 초신성 1054의 폭발로 밝혀졌다. 그 폭발의 흔적은 천년이 지난 지금도 우주 공간으로 퍼져나가고 있는데, 그 잔해가 바로 게성운(M1; NGC 1952)이다.

1229년 신성로마제국 황제 바르바로사(프리드리히 1세)의 아들이 유럽 최초의 플라네타리움(별자리가 그려져 있는 아랍식 텐트)을 십자군으로부터 이탈리아로 가져오다.

1247년 중국에서 돌에 새긴 천문도 〈순우천문도淳祐天文圖〉를 제작하다. 세계에서 가장 오래된 석각 천문도다.

1252년 레온-카스티야 국왕 알폰소 10세가 해·달·행성의 운행추정표인 〈알폰소표〉를 펴내다. 이것은 이전에 이슬람교도가 만든 〈톨레도표〉보다도 정확하여 이후 3세기 동안 기준성표로 활용되다. 현명왕이라는 별명을 가진 그는 "신이 이 세상을 창조하시기 전에 나에게 조언을 구했더라면 좀 더 간단한 방법을 권했을 텐데…"라고 말했다.

1395년 조선 태조 때의 천문학자 권근 등이 천문도를 석각한 '천상열차분야지도각석'을 제작. 가로 122.5cm, 세로 211cm, 두께 12cm의 흑요석에 새긴 것이다.

1408년 중국 천문학자들이 백조자리에서 객성客星을 발견. 오늘날 백조자리 초신성 폭발로 알려진 것이다. 잔해는 베일 성운이 되었고, 중앙에 강력한 X선을 내뿜는 백조자리 X-1은 블랙홀로 밝혀졌다.

1425년 조선에 관상감을 설립. 조선시대 천문 · 지리학 · 달력 · 날씨 · 물시계 등의 사무를 맡아보던 관아로, 세종 7년(1425년) 서운관書雲觀을 개칭한 기관이며, 20명을 선발하여 천문을 교습시켰다.

1428년 티무르 제국의 술탄 울루그베그가 사마르칸트에 큰 천문대를 세워 많은 관측 기계를 정비하고, 여러 학자와 협력하여 프톨레마이오스의 수치를 바로잡았으며, 천체현상을 예보한 신천문표新天文表를 편집하다.

1433년 세종 15년, 왕명에 의해 이천, 정인지, 김빈 등이 혼천의를 완성. 장영실이 자동시보 장치가 된 물시계 자격루를 제작(9월 16일)하다.

1434년 세종 16년, 간의대簡儀臺를 준공하다. 간의는 조선시대 중요한 천문관측 기기들 가운데 하나로 오늘날의 각도기와 비슷한 구조를 지녔다.

1437년 세종 19년, 앙부일구와 규표圭表 등 5종의 해시계를 제작하다.

1438년 세종 20년, 간의대에서 매일 밤 5명씩 서운관 관리가 입직하여 계속적으로 천문관측을 시작하다. 이들의 관측 내용은 『성변등록星變謄錄』에 기록했다. 장영실이 자동 물시계인 옥루玉漏를 완성하다.

1442년 조선 세종 때의 천문학자 이순지·김담 등이 역서 『칠정산七政算』을 완성하다. 『칠정산』은 내편과 외편으로 되어 있었으며, 내편은 중국식의 천문학을 바탕으로 한 천체들의 움직임을 계산하는 방법을 싣고, 외편은 원나라를 통해 들어온 아라비아 천문학을 소화하여 계산 과정을 완성한 것이다. 칠정이란 태양, 달, 화성, 수성, 목성, 금성, 토성을 통틀어 이르는 말.

1543년 코페르니쿠스 사망하다(5월 24일). 임종시 태양 중심설을 담은 그의 저서 『천체의 회전에 관하여』가 출간, 지동설을 발표하다.

1571년 독일에서 요하네스 케플러 출생(12월 27일). 조선에서 선조 4년 〈천상열차분야지도〉를 120폭의 인본으로 제작.

1572년 튀코 브라헤, 카시오페이아자리에서 초신성을 발견(9월 11일)하고 관측하다. 브라헤는 신성까지의 거리를 측정한 결과, 그것이 항성계 현상임을 확인하여, 항성은 변하지 않는다는 당시의 관념에 충격을 주었다. 튀코 신성으로 불리던 이 초신성의 위치에서 강력한 전파원이 발견되어 카시오페이아 A로 명명되었다.

1582년 그레고리오 13세, 율리우스력을 그레고리력으로 개정·반포하다.

1589년 갈릴레이, 낙체실험을 하다.

1595년 케플러가 천체력을 발간하다.

1596년 케플러가 『우주구조의 신비』를 출판하여 행성의 수와 크기, 배열 간격에 대한 생각을 밝히다. 이로 인해 튀코 브라헤와 갈릴레이를 알게 되다. 독일의 목사이자 천문학자인 파브리치우스가 고래자리에서 변광성 미라를 발견.

1600년 조르다노 브루노가 지동설을 주장하다 종교재판을 받고 화형되다.

1604년 케플러와 갈릴레이가 뱀주인자리에서 초신성을 관측하다. 10월 9일 저녁에 이탈리아에서 발견된 이래, 케플러가 18개월에 걸쳐 관측결과를 기록하다. 케플러 신성으로 불리다.

1605년 부인이 케플러에게 '제발 목욕 좀 하라'고 심하게 다그쳐 케플러가 크게 상처받았다고 한다. 부인은 케플러가 하는 일이 돈벌이가 되지 않는다고 경멸하기까지 했다. 케플러는 '아내를 탓하기보다는 내 손가락을 깨무는 편이 낫다'고 일기에 적었다.

1609년 갈릴레이가 천체망원경을 제작. 군사용으로 가치가 있음을 베니스 총독과 원로원에 설명함으로써 봉급이 2배로 오르다. 케플러가 행성 운동법칙을 다룬 『신천문학』을 출간하다.

1610년 갈릴레이가 최초로 망원경으로 천체를 관측하다. 달에 산과 계곡이 있다는 것, 목성의 위성들, 태양 흑점 등을 발견하여 코페르니쿠스의 지동설을 입증. 이러한 관측결과를 「별세계의 보고」로 발표하여 커다란 성공을 거두다.

1616년 코페르니쿠스의 저서 『천체의 회전에 관하여』가 로마 교황청에 의해 금서목록에 오르다.

1619년 케플러가 『우주의 조화』를 출간. 이 책에서 케플러는 기하학적 형태와 물리적 현상에서의 화음과 조화에 대해 논하다. 책의 마지막 부분에 행성운동법칙의 3번째 법칙의 발견이 나와 있다.

1630년 케플러, 밀린 봉급 받으러 여행에 나섰다가 객사하다(11월 15일).

1631년 정두원 일행이 최초로 서양 천문학 서적으로 양마낙陽瑪諾(E. Diaz)의 『천문략天問略』을 명나라에서 처음으로 가져오다.

1632년 갈릴레이가 『천문 대화』를 출간, 지동설을 주장하다. 그 결과 로마의 종교재판에 소환되다.

1633년 갈릴레이가 종교재판소에서 지동설을 부정하고 종신형을 받은 후 자택에 종신 연금당하다.

1635년 망원경으로 관측된 최초의 별 아르크투루스 발견.

1642년 갈릴레이 사망하다(1월 8일). 아이작 뉴턴이 영국에서 출생(12월 25일).

1651년 조선의 비구니 선자화仙子花가 삼각산 문수암에서 지름 36.5cm의 놋쇠 원반으로 된 성도를 제작.

1653년 조선, 효종 4년에 비로소 시헌력을 시행. 시헌력은 24절기의 시각과 1일간의 시간을 계산하여 제작한 것이다.

1655년 크리스티안 하위헌스(호이겐스)가 토성의 고리와 위성 타이탄을 발견하다(3월 25일).

1664년 로버트 훅이 목성의 대적반 관측. 이듬해 현미경을 이용한 관찰기록인 『마이크로그라피아』를 출간.

1665년 로버트 훅, 세포를 발견. 최초로 세포(cell)라는 이름을 붙이다.

1666년 뉴턴, 미적분법 발견. 빛의 분석 실험.

1668년 뉴턴이 뉴턴식 굴절망원경을 만들다. 이 망원경은 천체관측 등에 크게 공헌하여 이 공적으로 1672년 왕립협회회원으로 추천되었다.

1672년 조반니 카시니, 화성과 지구 사이의 거리를 정확도 93%로 알아내다.

1676년 덴마크의 천문학자 뢰머가 목성의 위성 관측으로 빛의 속도가 유한하다는 사실을 밝히다. 그가 계산한 광속값은 초속 약 21만km로, 실제값의 70%이다.

1682년 에드먼드 핼리가 대혜성의 출현을 관측하고(11월 22일), 그것이 거의 76년마다 회귀하는 주기혜성이라고 주장, 1758년에 다시 나타날 것을 예언했다. 그후 이 대혜성을 핼리혜성이라고 불렀다.

1687년 뉴턴, 대저서『자연철학의 수학적 원리(프린키피아)』를 출판, 만유인력의 법칙을 확립함과 동시에 뉴턴 역학의 체계를 세우다.

1688년 조선, 창경궁 금호문金虎門 밖에 관천대觀天臺가 축조되다.

1704년 뉴턴, 그의 저서『광학』에서 빛의 입자설을 주장하다.

1718년 핼리, 항성의 고유운동을 발견. 이 주장은 당시 받아들여지지 않았으나, 약 100년 후 이탈리아의 천문학자 피아치에 의해 입증되었다. 별들은 다른 천체들의 중력에 영향을 받아 태양계 및 태양에 대해 우주 공간에서 일정 속도로 이동하고 있으며, 이로 인해 고유운동이 일어난다.

1731년 조선의 과학사상가 홍대용洪大容이 태어나다. 그는 지전설地轉說과 우주무한론을 주장했다.

1741년 조선의 천문학자 안중관이 왕명으로 황도남북양총성도라는 신법 천문도를 제작. 중국에 들어와 있던 서양인 신부가 만든 전천 성도를 모사한 300좌 3083성의 대성표로, 지금 법주사에 보관되어 있다.

1755년 임마누엘 칸트, 「천계의 일반자연사와 이론」에서 '성운설'을 제창. 아울러 "우주는 은하수와 비슷한 '섬우주'로 가득 차 있다"고 주장하다.

1758년 샤를 메시에, 황소자리에서 희미한 빛뭉치(게 성운)를 발견. 이것이 후에 〈메시에 목록〉 1번 M1이 되었다. 독일의 아마추어 천문가 요한 팔리츠쉬가 성탄절 밤, 약 70년 전 핼리가 그 회귀를 예언한 핼리혜성을 관측.

1766년 헨리 캐번디시가 수소를 발견하다.

1772년 태양에서 행성까지의 거리에 대한 보데의 법칙이 발표되다. 원래는 독일의 천문학자 티티우스가 1766년에 발견했으나 1772년에 요한 보데가 발표했다. 티티우스−보데의 법칙이라고도 한다.

1781년 아마추어 천문가 윌리엄 허셜이 태양계의 제7행성인 천왕성을 발견하다(3월

13일). 샤를 메시에가 성운, 성단 103개를 수록한 〈메시에 목록〉 발표. 성운과 성단을 표시할 때의 등록번호(기호 M)가 지금도 통용된다.

1782년 영국의 귀머거리 천문학자 존 굿리크가 페르세우스자리의 β별 알골이 평소보다 어두워진 것을 알아채다. 그는 이 별이 '보이지 않는 동반성에 의해 주기적으로 식 현상을 일으켜 밝기가 변한다'는 사실을 정확히 예측했다. 알골은 광도가 2.867일을 주기로 하여 2.2등에서 3.5등까지 변하는 유명한 식쌍성이다. 지구로부터는 약 100광년 떨어져 있다.

1783년 영국의 지질학자 존 미첼이 "만약 별이 지나치게 크다면 별의 중력이 너무나 강해 빛조차 방출될 수 없을 것"이라고 주장해 블랙홀 개념을 최초로 창안하다.

1785년 조선에서 해시계인 간평일구簡平日晷·혼개일구渾蓋日晷가 제작되다.

1799년 피에르 라플라스, 『천체역학』(전5권) 출판을 시작하다(~1825). 이것은 뉴턴의 『프린키피아』와 맞먹는 명저로 간주된다.

1800년 윌리엄 허셜이 적외선을 발견. 태양 스펙트럼 중 열을 가장 많이 방출하는 부분이 적색 쪽임을 확인했다.

1801년 피아치가 소행성 세레스를 발견. 태양계에서 최초로 발견된 소행성으로 소행성 번호 1번이다. 화성과 목성 사이에 있으며, 공전주기 4.6년, 궤도긴반지름 2.768AU, 지름 913km이다.

1803년 영국의 돌턴이 원자설을 제창.

1817년 독일의 유리 연마공 출신인 프라운호퍼가 태양 스펙트럼 흡수선의 목록을 실은 논문을 발표하다.

1818년 독일의 천문학자 요한 프란츠 엥케가 엥케혜성의 주기를 계산, 단주기 혜성의 존재를 확인하다. 엥케혜성은 주기 3.3년의 최단주기 혜성으로, 1786년 프랑스의 메생이 처음으로 관측했다.

1830년 영국의 찰스 라이엘, 『지질학 원리』 출간하다.

1831년 영국의 마이클 패러데이, 전자기 유도현상을 발견하다.

1833년 사자자리 유성우가 내리다. 템펠-터틀 혜성이 통과한 지 50여 일 만에 지구가 혜성 궤도로 진입했던 1833년의 미국의 기록에 '세상이 불길에 휩싸였다'고 전하다. 근래의 가장 화려한 천체 쇼였던 것으로 꼽힌다.

1838년 프리드리히 베셀이 최초로 별의 연주시차 측정에 성공, 백조자리 61번 별까지의 거리를 구하다. 구한 값은 10.28광년. 이 별은 '베셀의 별'이라는 별명으로 불리다.

1839년 영국의 천문학자 스콧 토머스 헨더슨이 센타우루스자리 α별의 연주시차 값이 약 1″임을 알아내 거리를 구하다. α별은 시리우스, 카노푸스 다음으로 밝은 별로, 4.3광년 떨어져서 태양 다음으로 가장 가깝다.

1840년 영국의 윌리엄 폭스 탤벗이 현대 사진의 근본이 되는 기술을 발표하다.

1842년 오스트리아의 물리학자 도플러가 '도플러 효과'를 발표. 마이어와 줄이 에너지 보존법칙을 발견하다.

1845년 영국의 애덤스, 프랑스의 르베리에가 천왕성 근처에 있을 것으로 예상되는 미지의 행성 위치를 계산해내다.

1846년 베를린 천문대의 요한 갈레가 애덤스와 르베리에가 예측한 장소에서 해왕성을 발견하다(9월 23일).

1848년 영국의 물리학자 켈빈이 절대영도(−273℃) 개념을 수립하다.

1851년 프랑스의 물리학자 장 푸코가 대형 단진자單振子를 이용해 지구의 자전을 증명하다.

1856년 영국의 천문학자 포그슨이 별의 밝기를 정량적으로 나타내는 관계식인 포그슨 방정식을 만들다.

1859년 찰스 다윈이 『종의 기원』을 출간하다. 독일의 분젠과 키르히호프가 스펙트럼 분석법을 창안하다.

1861년 조선 천문학자 남병길南秉吉이 그의 동료들과 함께 〈성경星鏡〉이라는 별목록을 간행하다. 중국에 와 있던 서양 천문학자들이 만든 별목록을 1861년 좌표로 세차 보정하여 펴낸 것이다.

1862년 미국의 망원경 제작자 앨빈 클라크가 당시 세계 최대인 18인치 망원경을 만들어 시험 관측 때 시리우스의 반성伴星을 발견했다. 최초의 백색왜성 발견이었다.

1864년 영국의 물리학자 맥스웰이 전자기학 방정식(맥스웰 방정식)을 제시하다.

1865년 오스트리아의 신부 멘델이 유전법칙 발견. 독일의 클라우지우스가 열역학

제2법칙과 엔트로피 이론을 제시하다.

1866년 스웨덴의 알프레드 노벨이 다이너마이트를 발명하다.

1867년 조선 과학사상가 최한기崔漢綺가 『성기운화星氣運化』를 출간하다. 이 책에는 허셜의 은하수 구조론과 은하수 형성에 관한 칸트-라플라스의 성운설 등이 소개되어 있다.

1869년 러시아의 드미트리 멘델레예프가 원소 주기율표를 완성하다.

1877년 미국의 천문학자 아삽 홀이 화성의 달인 포보스와 데이모스를 발견하다. 이탈리아의 천문학자 스키아파렐리가 화성 표면에서 카날리(canali, 수로)로 명명한 줄무늬를 발견, '화성 운하설'을 주장하여 화성의 생물에 대한 일대논쟁을 유발하다.

1895년 독일의 빌헬름 뢴트겐이 모든 것을 관통하는 신비한 복사선을 발견, X선이라 이름붙이다. 이탈리아의 마르코니, 무선통신을 개발하다.

1896년 프랑스 물리학자 앙투안 베크렐이 우라늄 방사능을 발견하다.

1897년 영국의 물리학자 조지프 톰슨이 전자를 발견. 톰슨은 "원자는 (+)로 하전된 입자에 (-)로 하전된 전자가 박혀 있다"고 주장하다.

1900년 독일의 물리학자 막스 플랑크가 "에너지는 파동의 형태로 나오는 것이 아니라 작은 알갱이, 즉 양자의 형태로 나온다"면서 양자가설을 제시하다.

1901년 체코의 프라하에서 튀코 브라헤의 유해가 발굴되다. 두개골의 푸른 녹을 분석한 결과, 만들어 붙인 그의 보철 코에 구리가 섞여 있었다는 사실이 밝혀지다. 그전까지는 금이나 은으로 만들어졌을 거라고 생각되어왔다.

1902년 자전거포를 운영하던 라이트 형제가 최초로 동력 비행기의 비행을 성공시키다(12월 17일).

1905년 스위스 특허국의 하급 공무원인 아인슈타인이 특수상대성이론을 발표. 여기에 그 유명한 에너지와 질량 사이의 관계식인 $E=mc^2$이 소개되다.

1908년 러시아 중부 시베리아의 퉁구스카에 대폭발 사건이 일어나 2천km^2에 이르는 숲이 폐허로 변하다(6월 30일). 폭발의 원인으로는 블랙홀 추락설, 운석추락설 등의 수많은 가설이 나왔지만, 뚜렷이 밝혀진 결론은 없고, 다만 소행성 또는 혜성의 파편이 지구에 충돌하면서 공중폭발했다는 설이 유력하다. 조선의 천문학자 정영택鄭永澤이 『천문학』을 출간, 서양의 천문지식을 전통적인 동양의 천문학에 새로운 용어로써 도입한 일반 천문학 책이다.

1910년 핼리혜성이 근일점에 도착하다.

1911년 영국의 물리학자 러더퍼드가 "원자는 대부분 빈 공간으로 이루어져 있으며, 원자의 중심부에는 양전하를 띤 원자핵이 있고, 그 주위를 음전하를 띤 전자가 돌고 있다"는 '유핵원자 모형'을 발표. 덴마크의 천문학자 헤르츠스프룽이 별의 등급과 온도 및 스펙트럼의 관계를 나타내는 '헤르츠스프룽−러셀도圖'를 만들다. 화성에서 온 운석이 이집트에 떨어져 개 한 마리가 죽다. 운석에 의한 최초의 생명체 사망 사건이다.

1912년 미국의 여성 천문학자 리비트가 마젤란 성운의 변광성을 관측하던 중 세페이드 변광성의 '주기−광도 관계'를 발견, 은하 밖 천체의 거리를 재는 표준촛불로 이용되다.

1914년 제1차 세계대전이 발발되다(~1918년). 인류 최초의 지구 행성 규모의 전쟁이 일어나다.

1915년 호주의 천문학자 인네스가 센타우루스자리 알파 별의 동반성 센타우루스 프록시마를 발견. 이 별은 적색왜성으로 태양으로부터 가장 가까운 4.22광년 떨어져 있다.

1916년 아인슈타인이 일반상대성이론을 발표, 현대 우주론의 장을 열다. 미국의 천문학자 바너드가 뱀주인자리에서 고유운동이 가장 큰 별을 발견하여, 바너드 별이라 명명하다.

1917년 네덜란드의 천문학자 빌럼 드 지터가 일반상대론적 우주 모델을 제안하다. '일반상대성이론에 따르면 우주는 팽창해야 한다'는 가설을 증명하다.

1918년 미국의 천문학자 할로 섀플리가 우리은하 크기를 산출하고, 태양계가 우리은하 중심에 있지 않다는 결론을 내리다. 그가 산출한 우리은하의 크기는 지름이 30만 광년으로 참값의 3배에 달한다.

1919년 아인슈타인의 일반상대성이론에서 '빛이 중력에 의해 휘어진다'는 사실이 일식 관측에 의해 밝혀지다. 《타임》지가 '과학혁명! 뉴턴 이론이 무너졌다'는 기사를 내보내다.

1920년 미국의 천문학자 허비 커티스와 할로 섀플리 진영 간에 우주의 크기에 관한 대논쟁이 벌어지다(4월 26일). 마이컬슨-몰리의 실험으로 유명한 마이컬슨이 태양 외 항성으로는 최초로 베텔게우스의 지름을 측성하다. 태양 지름의 약 800배.

1922년 알렉산더 프리드먼(1888~1925)이 아인슈타인의 방정식이 우주의 팽창을 나타낸다는 것을 처음 발견하다.

1923년 에드윈 허블이 M31 안드로메다 성운에서 세페이드 변광성을 발견, M31까지의 거리를 구해 우리은하 밖에 있는 외부은하임을 밝히다. 이로써 맨눈으로 보던 크기의 우주가 무한 우주임이 드러나 세상에 큰 충격파를 던지다.

1927년 벨기에의 신부 천문학자 르메트르가 "우주는 초고밀도의 원시원자가 폭발적으로 팽창하여 탄생한 것이다"라는 폭발적 탄생론을 주장. 독일의 하이젠베르크가 불확정성 원리를 제창하다.

1929년 허블이 '거리가 먼 외부은하일수록 한층 빠른 속도로 후퇴하고 있다'는 '허블의 법칙'을 발표하다.

1930년 미국 로웰 천문대의 보조연구원 클라이드 톰보가 제9행성인 명왕성을 발견. 하지만 톰보 사후 10년 만인 2006년, 국제천문연맹에 의해 명왕성의 행성 지위가 박탈되다.

1931년 영국의 물리학자 폴 디랙이 '반물질'을 예측. 이듬해 칼 앤더슨이 우주선에서 반물질을 발견하다.

1938년 미국의 물리학자 한스 베테가 '별의 에너지원은 핵 반응'이라는 NC연쇄 이론을 발표. 이로써 인류는 별이 반짝이는 이유를 비로소 알게 되었다.

1939년 제2차 세계대전이 발발되다(~1945년). 인류역사상 두 번째 지구 행성 규모의 전쟁. 최초로 원자탄이 등장했다. 미국의 전파기술자 레버가 일리노이 주 휘턴에 최초로 전파망원경을 설치, 은하 전체 지도를 작성하다.

1943년 미국의 세이퍼트가 격렬한 활동 은하핵을 가진 외부은하를 발견하다. 다양한 이온화 상태로 인한 넓고 높은 연속 스펙트럼을 보이는 이런 종류의 은하를 세이퍼트 은하라 한다.

1945년 최초의 원자탄이 미국 뉴멕시코 주 앨라모고도에서 폭발하다(7월 16일). 일본 히로시마, 나가사키에 원폭이 투하되다.

1946년 미국의 모클리, 존 에커트가 최초의 전자계산기 '에니악(ENIAC)'을 완성하다.

1948년 세계 최대의 지름 5m 헤일 망원경이 팔로마산 천문대에서 관측을 시작. 프레드 호일, 토머스 골드, 헤르만 본디가 정상우주론을 발표. 조지 가모프가 팽창우주론을 발전시켜 우주가 수십억 년 전에 한 점에서 폭발하여 팽창하기 시작했다는 대폭발설을 주장. 우주배경복사를 예언하다.

1949년 프레드 휘플이 혜성을 "얼음과 먼지로 만들어진 더러운 눈덩이"라고 주장. 아일랜드의 천문학자 에지워스와 미국의 천문학자 제러드 카이퍼가 각각 황도면 가까운 곳에 혜성의 집합장소로서 존재할 것이라 예측하다.

1950년 네덜란드의 천문학자 얀 오르트가 태양계를 껍질처럼 둘러싸고 있는 거대한 혜성 구름이 있다고 주장. 장주기 혜성의 기원으로 알려진 이것을 오르트 구름이라 한다.

1952년 독일 천문학자 월터 바데가 세페우스형 변광성의 주기-광도 관계의 영점을 수정하여 외부은하의 거리를 종전의 2.5배로 늘리다.

1953년 제임스 왓슨, 프랜시스 크릭이 DNA 구조를 규명하다.

1956년 미국 물리학자 라이너스 등이 중성미자(뉴트리노)를 발견. 아울러 중성미자와 양성자가 결합해 중성자가 된다는 사실도 밝혔다. 중성미자는 우주를 구성하는 물질 중 광자(빛) 다음으로 많은 입자로서, 우주물질의 생성과 우주진화의 역사를 밝히는 데 중요한 역할을 한다.

1957년 소련이 최초의 인공위성 스푸트니크 1호를 발사(10월 4일). 스푸트니크는 러시아말로 '길동무'란 뜻이다.

1958년 미국, 첫 위성인 익스플로러 1호 발사(1월 31일). 미국이 뱅가드 1호 발사(3월 17일). 미국, 나사(NASA, National Aeronautics and Space Administration) 설립(10월 1일).

1959년 소련의 달 탐사선 루나 1호가 세계 최초로 달 착륙을 시도하다가 실패, 태양 주위를 도는 인공 행성이 되다. 현재 루나 1호는 지구와 화성 사이의 궤도를 돌고 있다. 루나 2호도 실패, 고요의 바다에 추락하다. 루나 3호가 10월 6일에 달에 도달, 최초로 달의 뒷면을 촬영하다.

1960년 미국의 프랭크 드레이크가 오즈마 계획을 실행. 고등 외계생명체가 태양계로 신호를 보내고 있다는 가정하에 이 신호를 포착하려는 계획으로, 1년의 관측 결과 성과 없이 끝나다.

1961년 소련의 유리 가가린이 보스토크 1호를 타고 1시간 29분 만에 지구 상공을 일주해 인류 최초의 우주비행에 성공, 최초의 우주인이 되다(4월 12일). 미국의 앨런 세퍼드가 해군 중령으로서 미국 최초의 탄도 비행에 탑승하여 성공(5월 5일). 15분간 비행한 대가로 14달러 38센트의 수당을 받았다.

1962년 존 글렌이 미국 최초로 프렌드십 7호 우주선을 타고 지구 궤도를 돌다.

1963년 발렌티나 테레시코바가 세계 최초로 여성 우주인이 되다. 1인 우주비행선인 보스토크 6호를 타고 우주로 날아오른 테레시코바는 첫 송신에서 그 감동을 이렇게 전했다. "나는 갈매기, 기분 최고." 70시간 50분 동안 지구를 48바퀴 선회한 뒤 6월 19일 11시 20분경 지구로 귀환. 미국 천문학자인 마틴 슈미트가 퀘이사를 발견. 퀘이사는 블랙홀이 주변 물질을 집어삼키는 에너지에 의해 형성되는 거대 발광체로서 '준성準星'이라고도 하며, 지구에서 관측할 수 있는 가장 먼 거리에 있는 천체다.

1964년 미국의 화성 탐사선 매리너 4호가 발사되다(11월 28일). 매리너 탐사선 시리즈의 4번째 탐사선으로, 미국 최초로 화성 탐사에 성공했다.

1965년 소련의 위성 보스크쇼드 2호에 탑승한 우주비행사 알렉세이 레오노프, 처음으로 약 12분 동안 우주유영에 성공하다(8월 18일). 푸에르토리코의 아레시보 전파천문대 천문학자들이 금성이 역자전한다는 사실을 발견하다. 금성에서는 해가 서쪽에서 떠서 동쪽으로 진다. 미국의 전파천문학자 펜지어스와 윌슨이 우주배경복사를 발견하다.

1966년 사자자리 유성우가 미국 서부 지역에 시간당 15만 개가 떨어지는 대장관을 연출, 사람들이 잠을 이루지 못하다.

1967년 영국의 대학원생 조슬린 벨이 펄서를 발견. 일정 주기로 펄스 형태의 전파를 방사하는 중성자별이다. 맥동전파원이라고도 한다.

1969년 미국 우주인 암스트롱이 아폴로 11호로 달에 착륙, 인류 최초로 달 표면에 발을 내딛다(7월 20일).

1970년 중국, 최초의 인공위성 동방홍 1호를 발사하다(4월 24일).

1971년 미국의 화성 탐사선 매리너 9호가 아틀라스 로켓에 의해 발사되다(5월 30일). 최초로 궤도 진입에 성공, 고도 1500km까지 접근하여 화성 표면의 70%를 촬영했다. 소련의 우주인 볼코프가 유인 우주 정거장에서 23일을 보내면서 "지구를 보면 바로 향수병에 걸리고 만다. 햇볕과 신선한 공기, 숲이 그립다"고 되뇌이다. 그러나 그와 두 우주인은 소유즈 11호를 타고 귀환 중 우주선이 새는 바람에 모두 숨지고 말았다.

1972년 파이어니어 10호가 행성 탐사를 위해 발사되다. 아폴로 17호의 유진 서넌이 달에 발을 디딘 마지막 우주인으로 기록되다(현재까지).

1973년 파이어니어 10호가 찍은 목성 사진이 TV를 통해 잠시 방영되다. 파이어니어 11호가 목성을 향해 발사되다.

1974년 푸에르토리코의 아레시보 전파천문대에서 '아레시보 메시지'를 우주로 쏘아 보내다(11월 16일). 외계에 있을지도 모를 외계 지성체를 향한 이 지구인의 메시지는 약 2만 5천 광년 떨어져 있는 헤르쿨레스자리 구상성단인 M13을 향해 송출되었다. 만일 인류가 그 답장을 받는다면 그것은 약 5만 년 뒤의 일일 것이다.

1975년 미국의 화성 탐사선 바이킹 1호가 발사되다(8월 20일). 화성의 생명체 존재 여부를 알아보기 위해 발사된 바이킹 1호는 최초로 화성 착륙에 완전 성공한 탐사선이다.

1976년 웨스트 혜성 출현. 태양을 지나면서 4조각으로 깨어졌다. 궤도 주기 55만 8천 년의 장주기 혜성이다. 다음 도래년은 서기 560000년경.

1977년 보이저 2호가 태양계 탐사 대장정에 나서다(8월 20일).

1978년 제임스 크리스티가 명왕성의 달 카론을 발견하다(6월 22일).

1979년 보이저 1호가 목성의 고리를 발견하다(3월 5일). 미국 천문학자 앨런 구스가 인플레이션 이론을 발표. 그는 "우주는 대폭발 후 최단시간 안에 대폭발의 팽창보다 훨씬 빠른 속도로 급격히 팽창되었다"고 주장하다.

1981년 최초의 유인 우주 왕복선 컬럼비아 호가 발사되다(4월 12일).

1983년 찬드라세카르의 한계를 밝힌 찬드라세카르가 별의 진화연구에 관한 업적으로 노벨상을 받다.

1986년 미국의 태양계 탐사선 보이저 2호가 천왕성을 지나 해왕성으로 향하다(1월 24일). 보이저 2호는 1979년 7월 9일에 목성을, 그리고 1981년 8월 26일에 토성을, 1986년 1월 24일에 천왕성을 지나가면서 이들 행성과 위성에 관한 많은 자료와 사진을 전송했다. 우주 왕복선 챌린저 호가 발사 73초 만에 폭발, 승무원 7명 전원이 숨지다(1월 28일). 소련, 우주정거장 미르 발사하다(2월 20일).

1987년 대마젤란 성운에서 초신성이 폭발. 1604년의 케플러 초신성 이후 383년 만에 처음으로 초신성을 육안 관측하다. 초신성 1987A로 명명되다.

1989년 마젤란 금성 탐사선을 발사. 금성 표면 지도 작성이 그 임무다(5월 4일). 미국의 목성 탐사선 갈릴레오 호가 아틀란티스 우주왕복선 비행에서 발사되다(10월 18일). 갈릴레오 호는 일단 금성으로 갔다가 이해 12월 다시 지구로 와서 '중력 도움'으로 추진력을 크게 얻어 1995년 12월 7일 목성에 도착. 우주배경복사를 탐사하기 위해 코비(COBE) 위성을 발사하다(11월 18일).

1990년 허블 우주망원경이 우주 왕복선 디스커버리 호에 실려 지구 상공 610km 자체 궤도에 진입(4월 24일). 무게 12.2t, 주거울 지름 2.5m, 경통 길이 약 13m의 반사망원경이다. 세계 최대인 케크 망원경이 하와이 마우나케아 산에 설치되어 가동(12월 5일). 인터넷(월드와이드웹) 탄생.

1992년 코비 인공위성의 우주배경복사 탐사 결과, 빅뱅설을 다시 한번 입증(4월 24일).한국 최초의 인공위성인 우리별 1호가 기아나 쿠루기지에서 발사됨(8월 11일). 화성 탐사선 마스업저버 발사(9월 25일). 교황 바오로 2세가 "로마 교황청이 지구는 태양 둘레를 돈다는 갈릴레이의 믿음을 비난한 것은 잘못"이라는 성명을 발표하다(10월 31일).

1993년 큰곰자리에 있는 M81 은하에서 별이 폭발(3월 28일). 우주 왕복선 인데버에 탄 우주비행사가 허블 우주망원경을 성공적으로 수리하다(12월).

1994년 슈메이커-레비 혜성이 목성에 충돌하다(7월 20일). 목성의 조석력으로 21개의 파편으로 깨어진 혜성이 목성 표면을 연타했다.

1996년 미국의 화성 탐사선 마스 패스파인더가 발사되다(12월 4일). 1997년 7월 4일 화성에 도달. 패스파인더 내부에 탑재된 탐사 로봇 소저너는 6주 동안 1만 장 이상의 화성 표면 사진과 400만 가지 이상의 화성 대기, 기상 정보를 수집했다.

1998년 최초의 국제 우주정거장(ISS) 시설인 러시아 다목적 모듈인 자랴(일출)가 발사되다(11월 20일).

2002년 미국 화성 탐사선 오디세이 호, 화성의 극관에서 얼음 저수지를 발견하다.

2003년 미국의 우주왕복선 컬럼비아 호, 28번째 우주비행을 마치고 지구로 귀환하다 공중폭발, 승무원 7명 전원 사망(2월 1일). 중국, 최초의 유인 우주선 '선저우

神舟 5호' 발사에 성공(10월 15일). 옛 소련과 미국에 이어 세계에서 3번째로 유인 우주선 보유국 대열에 합류하다.

2006년 미국의 탐사선 뉴 호라이즌 발사. 임무는 카이퍼 벨트 관측. 명왕성을 처음 발견한 미국의 천문학자 톰보의 뼛가루 일부도 실려 있다. 2015년경에 명왕성과 카론에 접근하고, 2020년경 다른 카이퍼 벨트 천체에 접근하여 관측할 예정. 국제천문연맹이 명왕성을 태양계 행성에서 퇴출(왜소행성으로 분류, 134340번호 부여)하다.

2008년 미국의 화성 탐사 로봇 우주선 피닉스가 작년 8월 4일에 발사되어 9개월간의 비행 끝에 화성에 착륙(5월 25일). '물을 따라서(follow the water)'라는 슬로건 아래 추진되는 화성 탐사 프로그램의 일환으로 화성 북극의 물과 얼음이 풍부한 지역에 착륙한 피닉스는 첫 번째 화성의 샘플을 채취하는 탐사선이 된다.

2009년 유엔이 세계 천문의 해(IYA2009, International Year of Astronomy 2009) 선포. 케플러의『새 천문학』발간과 갈릴레이가 망원경으로 천체를 관측한 400주년을 기념, 일반인이 스스로의 위치를 재발견하고 발견의 기쁨을 느끼게 하려는 목적으로 선포되다.

2061년 핼리혜성이 1986년 이후 75년 만에 지구를 방문하다.

2126년 스위프트−터틀 혜성이 나타나다. 1862년 발견된 이 혜성은 130년을 주기로 지구를 찾아오는데 마지막 주기는 1992년이었다. 2126년 8월 21일에 지구와 충돌할 확률은 1만 분의 1 정도.

8억 년 후 지속적인 태양 표면 온도의 상승으로 동식물이 멸종, 지구 내부에서 나오는 온실기체를 정화시킬 수 있는 수단이 없어져 지구 표면은 끓는점에 도달, 바닷물이 모두 증발하여 사라지고, 지구는 황량한 사막처럼 되다.

50억 년 후 연료인 수소가 거의 동난 태양이 팽창을 시작, 밝기는 지금의 500배, 크기는 100배에 이르러 지구 궤도까지 부풀어오르다.

60억 년 후 지구는 수성이나 달처럼 대기가 전혀 없는 행성이 되다.

64억 년 후 태양이 중심핵에서 수소핵융합을 마치고 준거성 단계로 진입하다.

71억 년 후 태양이 적색거성으로 진화하다. 중심핵에 있는 수소가 소진되면서 핵이 수축. 가열되고, 이와 함께 태양의 외곽 대기가 팽창하다.

78억 년 후 적색거성 단계에서 태양이 극심한 맥동 현상을 일으키며 외곽 대기를 우주 공간으로 방출하면서 행성상 성운을 이루다. 인류가 한때 문명을 일구며 살았던 지구 잔해들을 포함, 모든 태양계 천체들이 태양의 잔해와 함께 우주 공간으로 흩뿌려지고, 성운의 고리가 저 멀리 해왕성 궤도까지 미치다. 외층이 탈출한 뒤 남은 태양의 뜨거운 중심핵은 수십억 년에 걸쳐 천천히 식는 동시에 어두워지면서 백색왜성이 되어 무려 120억 년에 걸친 장대한 일생을 마감하다.

10^{14}년 후 우주의 모든 수소와 헬륨이 소진되고 별과 은하들도 활동을 멈추다. 우주에는 겨우 깜빡이는 중성자별과 백색왜성, 블랙홀만이 떠돌아다니다.

10^{30}년 후 은하 중심의 초대질량 블랙홀이 은하 전체의 질량을 모두 흡수하다. 은하단들이 뭉쳐져 초거대 블랙홀을 만들다. 그후 이 초거대 블랙홀들이 우주에 흩어져 서로 멀어지고, 마침내는 서로 멀어지는 속도가 광속을 넘어서서, 영원히 서로를 볼 수 없게 되다.

10^{32}년 후 핵자의 붕괴가 시작되다. 대통일 이론에 따르면 양성자는 붕괴한다는 것으로 밝혀졌다. 양성자는 광자와 렙톤으로 붕괴하고 홀로 남은 중성자는 불안정하기 때문에 몇 분 내로 붕괴된다.

10^{108}년 후 모든 블랙홀들이 빛으로 증발해 사라지다. 약간의 광자와 중성미자, 중력파만이 적막한 우주 공간을 떠돌아다니다. 우주는 계속 식어가 절대영도로 떨어지고 어떤 상호작용도 일어나지 않는 완벽한 무덤 속의 열적 죽음 상태에 들어간다. 물질의 소동 종료. 시간 종료.

**생태, 별과 우주를
사색해야 하는 이유**

1판 1쇄 발행 2013년 1월 10일
1판 15쇄 발행 2023년 12월 22일

지은이 이광식

발행인 김기중
주간 신선영
편집 백수연, 민성원
마케팅 김신정, 김보미
경영지원 홍운선
펴낸곳 도서출판 더숲
주소 서울시 마포구 동교로 43-1 (04018)
전화 02-3141-8301~2
팩스 02-3141-8303
이메일 info@theforestbook.co.kr
페이스북·인스타그램 @theforestbook
출판신고 2009년 3월 30일 제2009-000062호

ⓒ 이광식, 2013. Printed in Seoul, Korea

ISBN 978-89-94418-50-6 03440